U0394638

2021 年度陕西省哲学社会科学重大理论与现实问题研究项目"新时代农村生态文明建设制约因素及解决机制研究"（项目编号：2021ND0249）成果

陕西省教育厅人文专项科研计划项目"高质量发展阶段践行习近平生态文明思想的创新路径研究"（项目编号：21JK0238）成果

新时代中国特色社会主义生态文明思想研究

黑晓卉　尹洁 ◎ 著

人民出版社

目 录

Contents

前　言

党的十八大以来，以习近平同志为核心的党中央将生态文明建设提升到根本大计的战略高度，就"为什么建设生态文明、建设什么样的生态文明、怎样建设生态文明"等理论和实践问题作出了深刻论述，开展了一系列具有根本性、开创性、长远性的工作，不断推动生态文明理论创新、实践创新、制度创新，由此形成了新时代中国特色社会主义生态文明思想，开辟了生态文明建设理论和实践的新境界。习近平总书记作为这一思想的主要创立者，对新时代生态文明建设的最新理论、最新实践、最新成果进行了提炼和升华，以新的视野、新的认识、新的理念，赋予生态文明建设新的时代内涵，为准确把握生态文明建设的战略方向、建设美丽中国提供了强有力的保障。

本书从整体性视角出发，立足当代中国生态文明建设的实际情况，采用文献研究法、多学科综合分析法、比较分析法等研究方法，紧扣新时代中国特色社会主义生态文明思想"何以产生、为何科学、如何落实、有何价值"这个根本主线并全面把握其内在逻辑，呈现新时代中国特色社会主义生态文明思想确立的现实必要性、历史必然性、科学真理性、实践可行性以及价值合理性，为我国可持续发展以及美丽中国建设提供一定的理论支撑、价值遵循和实践指导。基于这一思想的整体性、系统性和全面性，本书主要从以下几个方面展开论述。

第一章，绪论。为了更好地研究中国特色社会主义生态文明思想，本书从唯物史观的视域出发，对选题缘由、研究综述、研究思路、研究方法以及基本创新点等概况进行说明和界定，旨在揭示"为何研究"以及"研究对象""怎样研究"等一系列先决性问题，为后面的论述提供科学依据。

第二章，新时代中国特色社会主义生态文明思想基本概念诠释。本章内容以相关概念的理解和认知为切入点，在深入研究和学习习近平总书记关于生态文明建设系列讲话的基础上，明确界定相关概念，主要包括对生态、文明、生态文明、生态文明思想等概念的辨析。

第三章，新时代中国特色社会主义生态文明思想的理论渊源。明确的逻辑支撑与理论起点是研究这一思想的必要条件。具体来讲，马克思恩格斯的生态文明观、中国共产党历届领导人的生态文明理论、中国传统文化中的生态智慧以及西方生态理论的优秀成分为这一思想的形成奠定了坚实的理论基础、思想根基，提供了文化传承和国际借鉴。上述内容阐明了"为什么建设生态文明"的缘由和动力问题。

第四章，新时代中国特色社会主义生态文明思想的形成背景。任何一种科学理论都是时代的产物，既产生于它所处的那个时代，也必然体现那个时代的特有精神和实践特征。同样，新时代中国特色社会主义生态文明思想是新时代世情趋势、国情需要以及党情变化的集中反映，是对这些情况深刻研究和反思的必然选择和理论成果。

第五章，新时代中国特色社会主义生态文明思想的发展历程。新时代中国特色社会主义生态文明思想的产生和发展不是一蹴而就的，本章按照我国生态文明建设的内在逻辑和马克思主义中国化的历史进程，将这一思想的发展历程划分为四大阶段。这一历史阶段，与党和国家对生态文明建设的探索进程具有内在逻辑一致性，从而形成了既传承有序，又内容丰富，且具有重要独立地位的思想体系。

第六章，新时代中国特色社会主义生态文明思想的理论体系。本章立足中国特色社会主义新时代的历史方位，主要从价值定位、基本目标、主题主线、全球视野等层面，系统阐明这一思想蕴含的经济发展观、科学自然观、基本民生观等核心观点。从多维思路、核心观点的角度阐明了这一思想的主要内容。同时，随着研究的深入推进，这一思想也体现出不断深化的理论特质，表现出科学性与价值性相统一、继承性与创新性相统一、理论性与实践性相统一、时代性与开放性相统一的理论特质。上述体系特征深刻回答了"建设什么样的生态文明"这一理论问题。

第七章，新时代中国特色社会主义生态文明思想的价值意蕴。在上述科学研究的基础上，对这一思想的理论贡献进行了必要的理论阐释。具体来讲，新时代中国特色社会主义生态文明思想具有重要的理论价值、实践价值和世界价值，是中国化生态文明思想的分析范式、新时代生态文明建设的实践遵循、全球可持续发展的中国方案。

第八章，新时代中国特色社会主义生态文明思想的实践路径。从统筹推进"五位一体"总体布局出发，将生态文明建设融入经济、政治、社会、文化四大建设中，分别从转变经济发展方式、建立生态环境保护长效机制、树立正确的生态价值观念、养成绿色生活方式和消费方式等维度，形成了"一融于四"的战略构架与实践操作策略，阐明了"怎样建设生态文明"的实践战略体系。

第九章，新时代推进生态文明建设的成就经验。从生态文明理念不断增强、生态文明战略部署不断加强、生态环境质量持续改善、生态文明制度体系更加完善、全球环境治理贡献日益凸显等层面，凝练了我国生态文明建设取得的主要历史成就，并从理念升华、战略调整、制度创新等层面总结了我国生态文明建设在理论实践上的巨大创新发展。同时，从坚持中国共产党的领导、坚持马克思主义人与自然关系理论、坚持以人民为中心的立场、坚持新时代中国特色社会主义生态文明思想等层面对生态治理经验进行系统化、科学化梳理，以期为新时代生态文明建设提供智慧资源与有益参考。

第十章，新时代中国特色社会主义生态文明思想的实践样本。通过梳理总结浙江安吉、塞罕坝、山西右玉、陕西延安等全国生态实践样板，凝练践行新时代中国特色社会主义生态文明思想的基本经验和现实启示，以期为中国乃至世界的生态文明建设提供指导和借鉴。

第十一章，新时代中国特色社会主义生态文明思想研究的趋势展望。本章对新时代中国特色社会主义生态文明思想的理论框架、未来走向进行系统梳理和愿望，并揭示其客观发展趋势、主观推进路径和总体提升方向等，以期为后续相关研究提供理论与实践借鉴。

总之，新时代中国特色社会主义生态文明思想作为一个集时代性、创新性与系统性于一体的科学体系，是对自然、社会和人，对实践、制度和文化，对历史、现在和未来，对民族、国家和人类等问题的本质性思考和创新性解决，是一套关于自然、社会、经济、制度、文化等维度的全新的文明话语体系，彰显了我们党推进生态文明建设的坚定意志和高度自觉。可以说，这一马克思主义中国化的最新理论成果，既是中国的，也是世界的，既是推进生态文明建设的行动指南，也是建设清洁美丽新世界的中国方案。

第一章 绪论

为了更好地研究新时代中国特色社会主义生态文明思想，本书从唯物史观的视域出发，对研究涉及的选题缘由、研究述评、研究思路、研究方法以及基本创新点等概况进行说明和界定，旨在揭示"为何研究"以及"研究对象""怎样研究"等一系列先决性问题，为后面的论述提供科学依据。

一、研究缘由

（一）研究背景

本书的研究缘起，一是基于以习近平同志为核心的党中央对生态文明建设的不断探索，有必要在理论层面对这一最新理论成果予以更加全面、系统的回应。二是基于对中国特色社会主义进入新时代后生态文明建设实践中的现实问题的深刻思考。具体来讲，主要分为理论背景和现实背景。

1.理论背景

生态环境是关系民生的重大社会问题。党的十八大以来，面对资源环境约束的严峻形势，以习近平同志为核心的党中央以实现人民福祉为战略目标，围绕新时代生态文明建设进行了一系列重要的决策部署和顶层设计，从"建设生态文明，关系人民福祉，关乎民族未来"的深谋远虑，到"环境就是民生，青山就是美丽，蓝天也是幸福"的辩证思考，再到"坚定走生产发展、生活富裕、生态良好的文明发展道路"的提出。这些论述是对马克思主义生态文明思想的丰富和发展，贯穿着辩证唯物主义与历史唯物主义的世界观、方法论、价值论，顺应了人类社会发展规律，回应了人民群众所想、所盼、所急，为新时代推进生态文明建设提供了思想武器和行动指南，开启了生态惠民、生态利民、生态为民的生态文明新时代。

当前，随着新时代中国特色社会主义生态文明思想的正式确立，国内理论界和学术界对这一思想给予高度关注，从不同角度对关于生态文明建设的系列讲话、政策文件、出版著作等进行深入研读，开展了相关研究，形成了一批重要成果。随着时代的发展和实践的推进，这一思想体系定会得到不断充实与完善。纵然如此，新时代中国特色社会主义生态文明思想何以产生，为何科学，如何落实，有何价值，依旧是马克思主义前沿问题。因此，本书把"新时代中国特色社会主义生态文明思想"作为研究选题，试图从内涵定位、理论渊源、形成背景、发展历程、理论体系、价值意蕴、推进路径等多维度，对新时代中国特色社会主义生态文明思想进行初步考察和客观总结。这一研究既为正确处理人与自然的关系提供了理论依据，又为系统推进生态文明建设提供了重要方法论。

2. 现实背景

回顾人类文明漫长的发展演替历程，人与自然的关系问题贯穿始终。人类在经历了原始文明和农业文明时代依赖自然的漫长历史阶段后，18 世纪资产阶级工业革命迅速发展，但并没有使人类从科学技术和生产力的发展以及财富的积累中建立起"自由王国"，相反，由于对自然界无节制地开发和利用，生态环境恶化、资源约束趋紧、能源过度消耗等生态问题日益成为制约可持续发展的"瓶颈"，人与自然紧张对立的关系以前所未有的规模显现出来。

和所有的工业化国家一样，我国的生态环境问题也是与工业化进程相伴而生的。特别是改革开放 40 多年来，伴随着社会生产力水平的高速增长，资源消耗与环境污染的程度远超过了生态保护的力度，形成了高投入、高能耗、生态环境污染严重的粗放型经济发展模式，使得自然资源被大肆掠夺，生态环境遭到破坏，人与自然的矛盾日益尖锐。面对这一严峻现实，我们采取什么样的发展方式、创造什么样的发展环境，成为新一代领导集体需要思考的命题。中国发展面临的生态危机，决定了我国的现代化建设必须探索出一条新型的发展道路。面对多年来我国发展中出现的环境污染问题，以习近平同志为核心的党中央以高度的责任感和使命感，提出了一系列治国理政的新理念新思想新战略，更是在各类场合多次对生态文明建设作出重要论述。党的十九大报告明确指出，"我们要建设的现代化是人与自然和谐共生的现代化"①。党的十九届五中全会进一步强调要"推动绿色发展，促进人与自然和谐共生"。这既是对传统工业文明现代化建设的超越，也是我国全面推进生态文明建设的理论指导和生态动力。

本书基于以上现实背景，以新时代中国特色社会主义生态文明思想为研究主题，旨在进一步探索具有中国特色的适合人与自然和谐相处的生态路径。

（二）研究意义

党的十八大以来，以习近平同志为核心的党中央在理性分析发展本质、规律和趋势的基础上，对生态文明建设作出了全面系统的战略部署，形成了系统完整的生态文明思想。这一思想，破解了传统发展方式难以为继的生态困境，为人与自然和谐发展提供了有效路径，是中国生态文明建设实践与马克思主义生态思想在生态文明时代课题上的创新性结合，也是马克思主义中国化在生态领域的拓展延伸。当前，在推进生态文明建设的伟大事业中，深入学习、科学阐释新时代中国特色社会主义生态文明思想，不仅是贯彻落实以习近平同志为核心的党中央关于生态文明建设一系列文件精神的必然要求，同时也是源于本书承载的重要理论意义和实践价值。

1. 理论意义

新时代中国特色社会主义生态文明思想，作为我们党在科学思想方法指

---

① 习近平：《决胜全面建成小康社会　夺取新时代中国特色社会主义伟大胜利——在中国共产党第十九次全国代表大会上的报告》，《人民日报》2017年10月18日。

导下研究马克思主义理论与中国实际的重要理论成果，实现了政治性和学术性的有机结合。从这个意义上讲，对这一思想展开研究，具有以下三个层面的理论意义。

一是有助于拓宽马克思主义生态文明思想的新视野。毋庸置疑，新时代中国特色社会主义生态文明思想是马克思恩格斯留给世界的一份重要理论遗产。他们在研究人类社会发展规律，思考人类的前途和命运的过程中，形成了系统性的建设生态文明的依据、价值、规律、原则以及进步状态的思想，对于我们正确处理人、自然与社会的关系，解决人与自然之间的矛盾，理性认识并解决当代生态问题提供了思想武器。作为当代马克思主义中国化发展的新成果，新时代中国特色社会主义生态文明思想倡导人与自然和谐共生的新秩序，包含着超越工业文明的批判性建构，在理论思维和价值导向上与马克思主义生态文明思想具有一脉相承性。因此，厘清并凸显新时代中国特色社会主义生态文明思想，既体现了"解释世界"的认识维度，也体现了以生态文明变革为主的"改变世界"的实践维度。这不仅是拓展马克思主义生态文明思想的必然要求，也是对当前经济社会发展中存在突出问题的重大突破。

二是有助于深化中国共产党历届领导人的生态文明新理论。毋庸赘言，马克思主义是社会主义事业和无产阶级政党的理论基石。新时代中国特色社会主义生态文明思想，作为一种执政理念和实践形态，贯穿于我国历届领导集体对生态文明建设的历史探索过程中，贯穿于实现中华民族伟大复兴美丽中国梦的历史愿景中，从提出"对自然不能只讲索取不讲投入、只讲利用不讲建设"到认识到"人与自然和谐相处"，从"协调发展"到"可持续发展"，从"科学发展观"到"新发展理念"和坚持"绿色发展"，其内容从零散走向系统，从初步探索走向理论成熟，从局部转向整体，充分体现了"中国化"的特征，实现了生态文明理论的又一次与时俱进。因此，面对党的十九届五中全会中"广泛形成绿色生产生活方式，碳排放达峰后稳中有降，生态环境根本好转，美丽中国建设目标基本实现"的远景目标，本书层层深入，从全局性战略高度加强对这一思想的体系性、系统性、整体性研究，有助于推进党的理论构建和创新，进一步深化对中国化马克思主义生态文明思想的研究。

三是有助于丰富习近平新时代中国特色社会主义思想的新内涵。党的十八大以来，以习近平同志为核心的党中央围绕全面建成小康社会这个宏伟目标，科学分析和准确把握我国经济社会发展新常态，把生态文明建设作为"五位一体"总体布局的重要内容予以高度重视，并提出了一系列关于生态文明的重要论述，作出了诸如"生态兴则文明兴，生态衰则文明衰""保护生态环境就是保护生产力""建设生态文明是中华民族永续发展的千年大计""生态环境是关系党的使命宗旨的重大政治问题"等科学论断。这些科学论断和实践要求，丰富和发展了习近平新时代中国特色社会主义思想的主要内涵，是这一思想的有机组成部分。因此，全面理解和把握新时代中国特色社会主义生态文明思想，有助于更全面地把握习近平新时代中国特色社会主义思想的重要内涵，进一步推进绿色发展，建设美丽中国。

2. 现实意义

开展新时代中国特色社会主义生态文明思想研究，不仅具有重要的理论意义，而且具有深刻的现实意义。总括来看，主要包括以下几个方面。

一是为推进生态文明建设指明了方向。资本主义工业文明的发展以其特有的活力与创造力为人类提供了丰富的物质产品和物质享受，但同时也带来了资源消耗与环境污染问题。要解决这种生态危机，不能通过单一的社会途径，必须上升到文明发展的高度，即通过新的生态文明形式进行生态文明建设。以习近平同志为核心的党中央正是在审视当代世界文明发展的这一要求以及全面建成小康社会的现实要求的基础上，提出了生态文明思想，而现实中逐渐严峻的资源环境问题和日益扩大的生态压力不断考验着相应的理论探索和实践建设，迫切需要对新时代中国特色社会主义生态文明思想进行系统科学的理论探索与论证。显而易见，这些理论与实践研究，旨在自觉地运用这一思想来指导和破解当前我国所面临的生态困境，从而纵深推进社会主义生态文明建设的实践探索与创新。

二是为建设美丽中国提供了方法论指导。从实现中华民族伟大复兴和永续发展的战略全局出发，党的十八大报告首次明确提出建设"美丽中国"的战略构想，顺应了人民群众日益增长的对美好生活的新期待，描绘了社会主义生态文明新时代的美好蓝图，凸显出生态文明建设在实现中华民族伟大复兴进程中应有的地位，是对我国亟待解决的生态矛盾问题的逻辑应答。而新时代中国特色社会主义生态文明思想实质上为提升全民生态意识、建设美丽中国提供了方法论意义。从这一现实需要层面来看，对新时代中国特色社会主义生态文明思想展开研究，对推动我国从经济大国走向美丽强国具有重要的实践指导意义。

三是为解决生态问题厘清了实践路径。新时代中国特色社会主义生态文明思想既是一个理论问题，更是一个重要的实践问题。从理论上厘清生态文明思想出现的时代背景、历史进程、体系特征等，是为了更好地在实践中进一步推动生态文明建设，破解当前生态危机与经济发展困境的双重压力，诸如经济发展方式依然粗放、绿色发展理念薄弱、生态文明制度不够完善等。为此，必须坚持生态优先的原则，将经济活动过程"绿色化"作为发展的主要途径，把生态文明建设融入"五位一体"总体布局中，使"五位"真正融为"一体"。这一路径使人们对中国特色社会主义整体布局有了更深刻的把握和更科学的认识，为实现"两个一百年"奋斗目标提供了有效的实践路径，是深入研究新时代中国特色社会主义生态文明思想的实践意义所在。

二、研究现状述评

近年来，随着新时代中国特色社会主义生态文明思想的确立，对其研究的成果也日益增多。本书的研究主要基于以下几方面的考虑：第一，对近年来国内外学者的相关研究成果进行梳理与归纳，有利于更好地掌握这一思想的主要内容和研究特点，主要涉及对这一思想理论渊源、形成背景、发展历程、理论体系、时代价值、推进路径等几个方面的研究。第二，在文献梳理的基础上，通过对国内外现有文献的分析，更好地把握新时代中国特色社会主义生态文明思想中的重要问题及未来研究发展趋势。概括来看，关于国内外的研究现状主要集中在下述几个方面。

（一）国内研究综述

党的十八大以来，作为破解我国生态难题的重要思想和行动方略，新时代中国特色社会主义生态文明思想逐渐受到国内学者的高度关注和重视，他们对这一思想的核心构成、话语体系、理论创新、战略认知与时代价值等一系列问题都进行了大量的探索，形成了一批重要的理论研究成果。本书分别对国家图书馆、CNKI 全文数据库和历年国家社科基金课题等的情况进行了梳理统计，尝试从论文研究情况、课题研究情况、著作研究情况等维度，对现有研究作出梳理概括，以期能够全景呈现目前学术界对该领域的研究面貌。

1. 论文研究情况

目前，学界大多把关于"新时代中国特色社会主义生态文明思想"的研究放置于习近平新时代中国特色社会主义思想的理论体系范畴中。鉴于此，笔者主要以 CNKI（中国学术期刊网）为参考数据库，以"生态文明思想"为关键词进行高级检索，检索 2018 年自新时代中国特色社会主义生态文明思想形成以来至今的相关文献，共 2000 余条结果。从统计数据可以看出，自这一思想确立以来，学界对其研究呈现出热度逐渐增强的局面，召开了一系列关于生态文明思想的高层次学术研讨会和研究论坛，涌现出一批兼具理论素养和生态情怀的优秀学者，诸如郇庆治、潘家华、张云飞、王雨辰、任铃、周生贤、方世南、刘希刚、秦书生、黄承梁、周光迅、王越芬等，他们为党和国家的生态文明建设事业提供了重要的人才保证和学理支撑。

但同时也要看到，尽管相关研究论文产量剧增，但论文质量仍有待提高。通过检索结果发现，出自核心期刊的相关论文相对较少，且大部分存在高下载率、低引用率的状况。这一现象一定程度上说明，这方面研究文献的综合影响力和认可度还有待提高。

需要特别提及的是，从 2018 年开始，相关主题的硕博士论文数量逐年递增。其中，下载量和被引频次均较高的集中在 2019 年吉林大学马德帅的《习近平新时代生态文明建设思想研究》、湖南师范大学刘涵的《习近平生态文明思想研究》、中共中央党校张成利的《中国特色社会主义生态文明观研究》；2018 年大连海事大学李艳芳的《习近平生态文明建设思想研究》等论文。这一逐渐上升的研究趋势，突出反映了新时代青年马克思主义者对时代前沿问题的高度关注和敏锐把握。

本书基于上述检索结果及其相关文献，对已有学术成果进行梳理概括，以期为更深入地研究这一思想提供背景参考。具体展开如下：

（1）"学理渊源"维度。新时代中国特色社会主义生态文明思想作为一个科学严谨的理论体系，其形成是合目的性与规律性的统一，厘清支撑其整体框架的理论基础，是确保论证合理性的先决条件之一。具体来讲，目前学术界对这一主题的研究主要分为以下几个方面。

首先，对于马克思主义生态文明思想的研究。秦书生、于欣指出，马克思、恩格斯提倡人们通过合理的实践去探索自然、认识自然，并在尊重自然、顺应自然规律的基础上合理改造自然，这一关于人与自然和谐相处的思想是新时代中国特色社会主义生态文明思想的理论基石。① 王永斌指出，马克思恩格斯虽然没有明确提出生态文明这一概念，但在他们通过考察工业革命带来的社会问题，深刻分析了环境污染的危害和根源，形成了具有丰富科学内涵的生态文明思想。这一思想为新时代中国特色社会主义生态文明思想的形成奠定了理论基础。② 刘於清则详细指出，新时代中国特色社会主义生态文明思想不仅继承了马克思、恩格斯等经典作家的生态思想，又进一步发展了中国化的马克思主义生态思想，深刻揭示了马克思生态思想与中国具体实践相结合并不断创新和发展的演进轨迹。③

其次，对于中国共产党主要领导人关于生态文明建设重要论述的研究。吴舜泽指出，新时代中国特色社会主义生态文明思想对中国共产党历届中央领导人关于环境保护的理念进行了历史性继承、发展和创新，尤其对改革开放以来生态环境保护日益重要的认识予以了极大深化，是中国共产党人在生

---

① 秦书生、于欣：《习近平生态文明思想的逻辑阐释》，《学习论坛》2021 年第 2 期。

② 王永斌：《习近平生态文明思想的生成逻辑与时代价值》，《西北师大学报》（社会科学版）2018 年第 5 期。

③ 刘於清：《习近平新时代中国特色社会主义生态思想的渊源、特征与贡献》，《昆明理工大学学报》（社会科学版）2018 年第 3 期。

态环境保护领域不断探索的历史性理论成果。① 冯雪红、张欣指出，中国共产党自成立以来就不断探索生态发展之路，历届领导人对此都非常重视并且推动制定了一系列政策，新时代中国特色社会主义生态文明思想是一脉相承的有机整体。② 柴伟指出，从 1982 年党的十二大提出"生态平衡"理念以来，到党的十九大提出"人与自然和谐共生"，历届党的全国代表大会始终坚持以生态环境现实问题为导向进行理论建构。③ 沈满洪也同样指出，新时代中国特色社会主义生态文明思想吸收了中国共产党历届领导人关于生态文明的理论观点和实践经验。④ 可以说，新时代中国特色社会主义生态文明思想与中国共产党历届领导人对生态文明建设的探索是一脉相承的，并在实践中与时俱进。

最后，对于中国传统生态文化的研究。郝栋、赵巍、崔赟梅等指出，新时代中国特色社会主义生态文明思想博大精深，这一思想的形成和丰富，离不开对中国传统文化中以儒释道三家为核心的生态智慧的传承与创新，这些构成了这一思想的重要理论来源。同时，许英凤在此基础上进一步指出，山水林田湖草的系统观、改善环境就是发展生产力的辩证观、构建人类命运共同体的整体观等观点，都是创造性地吸收并升华了传统文化中的思想资源。葛厚伟认为，"天人合一""仁明爱物""以时禁发"等生态伦理思想都源自传统儒家文化，这些优秀的传统思想都能为今天的生态文明建设所用，要对自然深怀敬畏之心，遵循自然环境发展的客观规律，重塑勤俭节约的生产和生活方式，从而达到人与自然的和谐共生。⑤

综上可以看出，对新时代中国特色社会主义生态文明思想理论基础的研

---

① 吴舜泽、张凌杰、申宇、郭林青：《习近平生态文明思想研究述评》，《环境与可持续发展》2020 年第 6 期。

② 冯雪红、张欣：《新时代生态文明建设的主要研究路径》，《中南民族大学学报》（人文社会科学版）2021 年第 2 期。

③ 柴伟：《习近平生态文明思想来源探析》，《理论导刊》2019 年第 9 期。

④ 沈满洪：《习近平生态文明思想研究：从"两山"重要思想到生态文明思想体系》，《治理研究》2018 年第 2 期。

⑤ 葛厚伟：《传统儒家思想对新时代生态文明建设的有益启示》，《人民论坛》2019 年第 34 期。

究，需要多个理论层面的深厚积淀。整体来说，目前已有的研究成果侧重点虽有所不同，但都仅限于对代表性观点作简单的归纳总结，内容呈碎片化形态，未形成完整统一的理论体系和历史延续脉络，缺乏一定的理论深度和学术高度。

（2）"形成背景"维度。任何一种理论，都是对某一历史时期或者社会发展阶段的经验总结和升华。在对新时代中国特色社会主义生态文明思想进行研究时，有必要追溯这一思想形成的时代背景，这是研究这一思想的逻辑起点，对于进一步推进生态文明建设走向深入具有重要意义。目前，学术界对这一思想的形成背景主要从国内外两个方面来研究。

一方面，从国际背景的视角进行研究。大部分学者认为，目前，当代人类文明发展过程中的主要困境就是全球生态危机的出现，它迫使人们对目前经济发展与生态环境之间的矛盾、人与自然之间的矛盾进行反思和审视，寻求有利于可持续发展的生态文明道路，这便是新时代中国特色社会主义生态文明思想形成的时代背景。秦宣指出，当今人类社会仍处于资本主义向社会主义过渡的时代，当今世界正处于大发展大变革大调整时期，当代中国同世界的关系发生了历史性变化，上述三个方面国际形势的动态变化是这一思想产生的世情条件。①

另一方面，从国内背景的视角进行研究。李捷提出，民族复兴所面临的新任务（从富起来到强起来的飞跃）构成了这一思想产生与发展的重要背景。②杨谦、张星认为，新时代中国特色社会主义生态文明思想着眼于当前国内生态环境污染问题，立足于缓解资源不足的压力，致力于解决生态系统的破坏和退化的危机。③方世南进一步认为，近年来，我国经济发展取得了令人瞩目的成就，同时也积累了大量生态环境问题，直接威胁人民群众的基本生

---

① 秦宣：《习近平新时代中国特色社会主义思想产生的国际背景》，《教学与研究》2019年第6期。

② 李捷：《从六大维度全面认识习近平新时代中国特色社会主义思想》，《开放时代》2020年第1期。

③ 杨谦、张星：《新时代中国特色社会主义生态文明建设的逻辑证成》，《重庆邮电大学学报》（社会科学版）2020年第2期。

态权益，影响人民群众对良好生态环境的需要。① 杨煌指出，重视和回应人民群众对良好生态环境的期待，是新时代中国特色社会主义生态文明思想的民生着眼点和思考关切。②

综上，新时代中国特色社会主义生态文明思想的形成具有历史必然性与时代使命性。从归纳总结现有的学术成果来看，目前学术界对这一思想形成背景的研究，大多局限于初步探索阶段，集中在国际、国内的单一视角，很少有研究成果将新时代中国特色社会主义生态文明思想置于党情变化的过程中进行研究，这是未来学界需要拓宽的研究视角。

（3）"形成过程"维度。任何一种思想体系的产生和发展必然会经历一个过程，新时代中国特色社会主义生态文明思想的产生亦是如此。当前学界对这一思想的形成过程大多从习近平生活、工作的地域入手，对这一思想的形成过程进行系统梳理总结，在理论完善和实践经验的积累上呈现出阶段性、递进性的发展走向。目前，学术界关于这一思想的形成过程概括起来主要有以下观点。

一方面，从习近平工作地域的空间维度考察新时代中国特色社会主义生态文明思想的形成过程。诸如刘涵指出，习近平在改善人们生活的针对性实验中（知青岁月时期）、在探索生态环境与地方经济发展良性互动中（地方工作时期）、在大力推进我国生态文明建设的螺旋式上升过程中（担任党和国家领导人以来）正确处理了人与自然的关系。③ 俞海、刘越、王勇认为，习近平的整个工作历程都贯穿着其生态文明理念，从生态意识萌芽到生态实践不断升华，可以说，这一工作历程为生态文明思想的形成提供了重要的理论支撑。④ 周光迅等认为，习近平在陕西、河北、福建、浙江工作期间的实践

---

① 方世南：《生态文明建设"四个一"突出了发展的整体性》，《红旗文稿》2019 年第 10 期。

② 杨煌：《走向社会主义生态文明新时代的根本指针：深入学习习近平生态文明思想》，《世界社会主义研究》2019 年第 3 期。

③ 刘涵：《习近平生态文明思想的演进逻辑探析——基于人与自然关系的分析视角》，《海南大学学报》（人文社会科学版）2020 年第 5 期。

④ 俞海、刘越、王勇等：《习近平生态文明思想：发展历程、内涵实质与重大意义》，《环境与可持续发展》2018 年第 4 期。

经验，为新时代中国特色社会主义生态文明思想提供了思路和实践经验。特别是党的十八大以来，习近平总书记把生态文明建设的实践从地方区域拓展到了国家甚至世界层面，从治国理政的高度提出了关于生态文明建设的一系列新论断新战略新路径。①

另一方面，从时间维度考察生态文明思想的历史发展演进过程。刘经纬、吕莉媛认为，在正定、宁德时期形成的自然生态平衡观，闽东、浙江时期形成的人与自然和谐发展的"两山"论，治国理政后形成的生态民生发展观、"生命共同体"思想和系统的生态文明理念，形成了一条清晰的历史发展脉络。②王越芬、张世昌、孙健认为，新时代中国特色社会主义生态文明思想的发展大体上经历了以经验为主的生态认识阶段、以经济建设为出发点的生态文化阶段和以人类长远发展为根本目的的生态文明阶段。③阮朝辉在前期研究基础上进一步细化了新时代中国特色社会主义生态文明思想的发展逻辑，他指出，这一思想经历了一个"试验—生态—生态环境—生态文化—生态文明"逐渐递进的科学发展过程。

总之，学者们从空间维度、时间维度等视角，对新时代中国特色社会主义生态文明思想的形成过程进行了理论考察。笔者认为，在科学认识和理解人与自然关系的过程中，这一思想从萌芽到探索再到确立，最终构建起科学的辩证唯物主义生态文明思想，这是对马克思主义发展观的继承和创新。但是，很少有研究成果从党史发展的角度，将这一思想置于中国共产党人生态文明思想发展历程中进行研究，使得这一历史发展脉络不够科学全面，这是今后研究需要加强的部分。

（4）"理论体系"维度。党的十八大以来，以习近平同志为核心的党中央将生态文明建设置于治国理政的战略高度，针对生态文明建设提出了一系列

---

① 周光迅、郑玥：《从建设生态浙江到建设美丽中国——习近平生态文明思想的发展历程及启示》，《自然辩证法研究》2017 年第 7 期。

② 刘经纬、吕莉媛：《习近平生态文明思想演进及其规律探析》，《行政论坛》2018 年第 2 期。

③ 王越芬、张世昌、孙健：《习近平生态思想演进论析》，《中南林业科技大学学报》（社会科学版）2016 年第 6 期。

新思想、新观点，形成了站位高远的新时代中国特色社会主义生态文明思想。作为马克思主义生态文明思想中国化的最新理论成果，其丰富的内涵是学者们集中关注的部分，代表性观点有以下几种。

首先，从整体上对新时代中国特色社会主义生态文明思想的内容进行了研究。诸如张云飞指出，社会主义生态文明观是关于社会主义生态文明政治规定的科学揭示，党的领导、人民当家作主、社会主义制度是新时代社会主义生态文明观最核心的内容。[①] 李昕、曹洪军、徐水华、陈磊、李宏伟、罗会钧、许名健等指出，作为一个体系完整、内涵丰富的有机整体，这一思想从生态文明建构的不同领域出发，提出人与自然是生命共同体的生态理念、构建新时代环境治理体系、加大生态系统保护力度、改革生态环境监管体制、确立了生态文明建设的战略地位等内容，涉及历史观、价值观、发展观、自然观、民生观等维度。[②] 可以看出，上述论述基本上是从以习近平同志为核心的党中央关于生态文明建设重要讲话中提取凝练的，具有一定的学术性和代表性。

其次，从多维度、广视域对新时代中国特色社会主义生态文明思想的内容进行了论述。如方世南将生态文明与贫困问题有机结合起来，创新性地把生态扶贫观看作新时代中国特色社会主义生态文明思想的一个重要观点，并认为这一观点对推进绿色精准扶贫、提升可持续发展能力具有重大理论价值。[③] 肖先彬从历史之维、价值之维、民生之维、方法之维以及实践之维五重向度，彰显新时代中国特色社会主义生态文明的思想伟力。[④] 国务院发展研究中心资源与环境政策研究所副所长常纪文，将这一思想主要内容归纳为认识论、历史观、范畴论、矛盾观、系统论、领导观、方法论、发展观、治理

[①] 张云飞：《习近平社会主义生态文明观的三重意蕴和贡献》，《中国人民大学学报》2021 年第 2 期。

[②] 徐水华、陈磊：《论习近平对马克思主义生态文明思想中国化的理论贡献》，《黑龙江社会科学》2019 年第 2 期。

[③] 方世南：《习近平生态文明思想中的生态扶贫观研究》，《学习论坛》2019 年第 10 期。

[④] 肖先彬：《习近平生态文明思想的五重维度》，《中学政治教学参考》2019 年第 21 期。

观、法治观十大内涵。① 刘磊指出,党的十八大以来,以习近平同志为核心的党中央从多个角度深刻回答了关于生态文明建设的一系列理论与实践问题,其主要内容包括系统全局观、生态红线观、生态政绩观、"两山"观、生态价值观等,构成了完整的内容体系。②

最后,根据习近平总书记关于生态文明建设的系列讲话精神,提炼出核心观点作为这一思想的主要内容。如俞海、刘越、王勇等根据 2018 年习近平总书记在全国生态环境大会上的讲话,认为这一思想的基本内涵是对"六项原则"的集中体现,即生态兴则文明兴、人与自然和谐共生、绿水青山就是金山银山等几个方面,这些方面与新时代中国特色社会主义生态文明思想的主要内容基本一致。③ 在此基础上,燕连福凝练出集科学自然观、绿色发展观、生态民生观、生态系统观、生态法治观、世界共赢观为一体的核心内涵。④ 同时,王铁柱将习近平总书记关于"人民日益增长的优美生态环境需要""山水林田湖草是生命共同体""人与自然和谐共生的现代化""良好生态环境是最普惠的民生福祉"等论述作为新时代中国特色社会主义生态文明思想的主要内容。⑤

综上观之,近年来对新时代中国特色社会主义生态文明思想内容体系的研究取得了诸多成果,但总体上尚处于一个初步阐释阶段,且大部分研究成果多是围绕习近平总书记相关著作、讲话、会议精神等进行的文本解读及进一步阐释,缺少统一的分类标准,易造成学术成果的雷同,缺乏新意。在今后的研究中,要注重运用多学科分析法,从哲学、管理学、教育学等角度对上述文献读本进行系统深入的归纳总结,加以提炼提升。

(5)"实践路径"维度。时代是思想之母,实践是理论之源。不论是新时

---

① 常纪文:《习近平生态文明思想的科学内涵与时代贡献》,《中国党政干部论坛》2018 年第 11 期。

② 刘磊:《习近平新时代生态文明建设思想研究》,《上海经济研究》2018 年第 3 期。

③ 俞海、刘越、王勇等:《习近平生态文明思想:发展历程、内涵实质与重大意义》,《环境与可持续发展》2018 年第 4 期。

④ 燕连福、赵建斌、毛丽霞:《习近平生态文明思想的核心内涵、建设指向和实现路径》,《西北农林科技大学学报》(社会科学版) 2021 年第 1 期。

⑤ 王铁柱:《习近平生态文明思想的理论创新》,《理论导刊》2021 年第 2 期。

代中国特色社会主义生态文明思想的学理渊源、形成过程，还是体系特征、时代价值，这一思想的最终指向是生态治理的实践领域，需要落实到具体的实践中。基于此，新时代中国特色社会主义生态文明思想的实践路径一直是学界关注的重点，具体来讲，主要围绕以下几个方面展开。

一是树立生态理念层面。正确科学的理念是行动的先导和指南。方世南从追求人与自然和谐共生紧密结合的理念，人与自然的生态矛盾紧密结合的理念，以经济建设为中心与以人民为中心紧密结合的理念，从污染防治、环境保护到将污染防治、环境保护与推进生态环境治理体系和治理能力现代化紧密结合的理念等层面，阐明了生态文明理念创新指导生态治理实践创新的十大着力点。[①] 王雨辰指出，我国生态文明建设是一个系统工程，要把树立生态文明理念、建立生态文明发展方式和确立"德法兼备"的社会主义生态治理观有机结合起来。[②] 张云飞总结了新时代生态文明建设的标志性成果，提出要形成绿色空间格局、绿色发展方式、绿色治理方式和绿色生活方式。[③] 荣开明指出，先进生态文明理念的树立要靠教育。因此，要将生态文明理念持续不断地渗透到各级各类教育体系中，创新对生态文明建设的宣传教育方式，树立和增强人们的生态价值观。[④]

二是发展生态经济层面。经济发展是社会发展和文明进步的重要内容和基础性物质条件。李世峰指出，要构建以产业生态化和生态产业化为主的生态经济路径，实现以生态促发展和以发展保生态的统一，是从根本上解决生态环境问题的对策体系之一。[⑤] 李刚认为，我们必须摒弃以牺牲绿色生态环境为代价的经济发展方式，从根本上转变以往"先污染后治理"的经济生态观，通过保护好生态，建设好生态，让天更蓝、水更绿，使经济获得更长久

[①] 方世南：《生态文明理念创新指导实践的十大着力点》，《学习论坛》2020 年第 4 期。

[②] 王雨辰：《我国生态文明理论研究和建设实践中的四个问题》，《吉首大学学报》(社会科学版) 2020 年第 6 期。

[③] 张云飞：《习近平生态文明思想的标志性成果》，《湖湘论坛》2019 年第 4 期。

[④] 荣开明：《努力走向社会主义生态文明新时代——略论习近平推进生态文明建设的新论述》，《学习论坛》2017 年第 1 期。

[⑤] 李世峰：《新时代生态文明建设的思想基础与实践路径》，《行政管理改革》2021 年第 3 期。

的发展。① 孙宝华着重强调了生态科技创新的重要性，指出要充分发挥科技正面的、积极的作用，利用智能文明这一新的文明形态促进生态文明建设，从而实现人和自然之间的协调发展。② 钱春萍、代山庆提出，要通过发展循环经济、转变生产方式、完善生态文明制度建设等有效路径，进一步推进生态文明建设。③

三是完善生态制度层面。科学完善的生态文明建设制度体系，是坚持社会主义道路并从根本上化解生态问题的必然途径。燕连福、赵建斌、毛丽霞认为，要将生态保护和环境治理纳入制度笼子，建立严格高效的生态文明制度体系，借助制度武器保障生态系统活力，推动建设空气清新、河水清澈、大地清洁的美丽中国。④ 方世南、储萃认为，生态治理作为一项系统工程，要运用系统性思维，通过完善生态文明建设机制体制、健全责任追究制度等，进一步深化生态制度改革。⑤ 吕忠梅指出，目前我国生态环境问题日益严峻，与中国的生态文明建设制度不完善、机制不健全、法治不完备等息息相关。针对这些问题，需要通过立法系统化、执法规范化、司法专业化、守法普遍化等根本性措施，为推进生态文明建设提供可靠性保障。⑥ 陈俊、王金磊、吕瑶也同样认为，生态文明建设是一项宏大的"复杂巨系统"，加强制度和法治建设是解决生态环境问题的必由之路，需要通过完善生态文明体制机制建设、完善相关法律法规、健全生态环境责任监督机制等战略部署，进一步用制度保护环境，实现经济发展和生态环境保护协同推进。

总的来说，学界大多数学者认为，新时代中国特色社会主义生态文明思想的实践路径不仅需要进一步加强生态经济建设，更需要树立生态理念、培育生态文化，完善生态法治，唯有多措并举，并且使之相互配合、相互渗透，

---

① 李刚：《习近平生态文明思想的主要实践路径》，《决策探索》（下）2021 年第 1 期。
② 孙宝华：《推进生态文明建设的时代意义和实践路径思考》，《学习月刊》2017 年第 9 期。
③ 钱春萍、代山庆：《论习近平生态文明建设思想》，《学术探索》2017 年第 4 期。
④ 燕连福、赵建斌、毛丽霞：《习近平生态文明思想的核心内涵、建设指向和实现路径》，《西北农林科技大学学报》（社会科学版）2021 年第 1 期。
⑤ 方世南、储萃：《习近平生态文明思想的整体性逻辑》，《学习论坛》2019 年第 3 期。
⑥ 吕忠梅：《习近平新时代中国特色社会主义生态法治思想研究》，《江汉论坛》2018 年第 1 期。

生态文明建设进程才能不断推进，这一思想才能实现理论与实践的真正统一。近年来，虽然学术界对实践路径方面的研究有所增多，但仍需从宏观角度进一步把握新时代中国特色社会主义生态文明思想的具体实践路径，诸如如何贯彻落实"五位一体"总体布局；如何结合全国生态文明建设的典型样本，加强实地调研与问卷分析，探索更加合理的生态文明建设举措，真正做到将理论转化为现实。

（6）"时代价值"维度。习近平总书记参加十三届全国人大二次会议内蒙古代表团审议时，用"四个一"对新时代生态文明建设的重要意义进行了高度概括，为实现美丽中国和现代化强国提供了前进动力和方向指引。①归纳起来，目前国内学界关于新时代中国特色社会主义生态文明思想时代价值的研究主要集中在理论价值和现实价值两个方面。

一是关于新时代中国特色社会主义生态文明思想的理论价值。一些学者认为，这一思想是对马克思主义生态思想的继承和发展。如王铁柱认为，新时代中国特色社会主义生态文明思想是马克思主义生态理论与中国新时代实践相结合的最新理论成果，丰富了社会主要矛盾学说，拓展了"两个和解"理论，创新了社会主义现代化理论，丰富了社会主义民生理论等。②魏华、卢黎歌认为，这一思想将人与自然的关系纳入社会主义现代化建设中，对实现中华民族永续发展具有重要的理论价值。陈学明指出，这一思想具有鲜明的科学属性，继承和发展了马克思主义关于生产力理论、发展理念、文明理论、现代化理论等方面的思想。赵志强指出，这一思想具有深远的时代价值，进一步推进了马克思主义生态文明思想中国化的历史进程，是对人类生态文明思想的进一步发展与创新。同时，还有部分学者认为，这一思想深化了对人类文明发展规律的认识。刘磊从习近平总书记提出的"永续利用观""绿色发展观""生态系统修复论"等重要论断出发，指出这一思想进一步深化了人们对人类社会发展规律的认识。③

---

① 黄承梁：《认真学习总书记在内蒙古代表团重要讲话精神》，《中国环境报》2019 年 3 月 9 日。
② 王铁柱：《习近平生态文明思想的理论创新》，《理论导刊》2021 年第 2 期。
③ 刘磊：《习近平新时代生态文明建设思想研究》，《上海经济研究》2018 年第 3 期。

二是关于新时代中国特色社会主义生态文明思想的实践价值。大部分学者一致认为，这一思想为新时代生态文明建设提供了行动指南。陈建明认为，这一思想对我国实现工业化、现代化起到了重要推动作用，是我国实现"美丽中国梦"的根本性指导方针。[①] 在这一思想的有效引领下，我国公众生态意识逐渐形成，生态理论不断创新，生态实践如火如荼地展开，建立起整个社会的高度生态自觉，为我国生态文明建设创造了必要条件。[②] 尤西虎、方世南、沈卫星认为，这一思想基于丰富的实践探索经验，对生态文明建设作出了顶层设计和实践部署，体现了以习近平同志为核心的党中央治国理政的政治智慧，为生态治理提供了基本遵循和行动纲领。刘於清指出，这一思想为解决我国当前的环境污染问题、破解生态困境，建设"天蓝、地绿、水清"的生态环境提供了行动指南。田恒国指出，这一思想在实践上将生态文明建设融入"五位一体"总体布局，进一步拓展了中国特色社会主义各项事业，丰富了社会主义建设的生态内涵。陈俊指出，这一思想为我国突破资源环境制约、破解生态发展难题等提供了具体的实践指引，具有很强的现实意义。[③]

总的来说，目前学界关于新时代中国特色社会主义生态文明思想的价值研究成果丰硕，主要从理论与实践两个层面进行了阐释和总结，取得了一定的进展。但研究的深度和广度仍有不足，特别是随着生态文明建设理论的不断深化、实践的不断拓展，未来需加强对新时代中国特色社会主义生态文明思想战略地位和独立价值的研究。诸如，加强对这一思想助力打赢污染防治攻坚战、推进乡村振兴战略以及全球生态治理等实践价值的挖掘等。

2. 课题研究情况

在国家社科基金立项方面，本书罗列了 2017 至 2021 年五年来国家社科基金项目中含有"生态文明思想"的课题，共计 17 项。项目类别既有重点项

① 陈建明：《习近平生态文明思想的历史逻辑与时代价值》，《河南社会科学》2020 年第 2 期。

② 林凡：《新时代中国特色社会主义生态文明思想与实践路径研究——兼论生态自觉：意识、理论和实践》，《教育教学论坛》2020 年第 42 期。

③ 陈俊：《习近平新时代生态文明思想的内在逻辑、现实意义与践行路径》，《青海社会科学》2018 年第 3 期。

目、一般项目，也有青年项目、西部项目，主要涵盖在马列·科社领域。尤其值得注意的是，2017 年、2018 年国家社科基金项目单设了关于"新时代中国特色社会主义生态文明思想研究"的选题。[①] 这一重要立项部署，一方面表明党和国家对于生态文明建设的重视与关注，另一方面反映出现阶段生态环境日趋严峻，急需相关项目成果、结论来巩固、推进生态文明建设。同时，通过梳理可以看出，随着党的十九大以及全国生态环境大会的召开，我们党关于生态文明的理论不断丰富和完善，开辟了当代中国马克思主义生态文明理论的新境界，2018 年、2019 年立项数量明显高于 2017 年。这一变化趋势，使更多学者开始意识到，系统学习、领会新时代中国特色社会主义生态文明思想丰富内涵和精髓要义的必要性与重要性，由此出现了对新时代中国特色社会主义生态文明思想呈现梯队化上升的研究趋势。（如表 1-1 所示）

表 1-1　2017—2021 年关于新时代中国特色社会主义
生态文明思想的国家社科基金项目汇总表

年份	项目名称	负责人	所在学科	项目
2017	习近平总书记关于生态文明建设思想研究	侯子峰	马列·科社	一般项目
2018	习近平生态文明思想研究	田启波	马列·科社	重点项目
	习近平新时代中国特色社会主义生态文明思想研究	郇庆治	马列·科社	重点项目
	习近平新时代生态文明思想的逻辑体系及其时代价值研究	李　丽	马列·科社	重点项目
	习近平生态文明思想的理论创新与方法论研究	李勇强	马列·科社	一般项目
	习近平新时代中国特色社会主义生态文明思想研究	刘经伟	马列·科社	一般项目
	习近平生态文明思想与美丽中国建设研究	王世明	马列·科社	一般项目
	习近平生态文明思想的理论创新研究	宫长瑞	马列·科社	西部项目
	习近平生态文明思想内在逻辑研究	韩秀华	理论经济	西部项目
2019	习近平新时代中国特色社会主义生态文明思想的理论体系研究	胡长生	马列·科社	重点项目
	习近平新时代中国特色社会主义生态文明思想的历史维度研究	赵光辉	马列·科社	一般项目

①　郇庆治：《习近平生态文明思想研究（2012～2018）述评》，《宁夏党校学报》2019 年第 2 期。

（续表）

年份	项目名称	负责人	所在学科	项目
2019	新时代生态文明思想话语体系研究	吉志强	马列·科社	一般项目
	习近平新时代中国特色社会主义生态文明思想研究	秦慧杰	马列·科社	一般项目
	新时代中国特色社会主义生态文明思想的理论与实践向度研究	王毅	马列·科社	一般项目
	新时代生态文明思想创新研究	刘希刚	马列·科社	一般项目
	习近平生态文明思想的世界意蕴与世界影响研究	申森	马列·科社	青年项目
	习近平生态文明思想在青海的实践研究	赵红艳	马列·科社	西部项目
2020	习近平生态文明思想的哲学基础研究	崔永杰	马列·科社	重点项目
	习近平生态文明思想的实践逻辑及地方治理创新研究	朱远	马列·科社	一般项目
2021	习近平生态文明思想的"人民性"特质及其践行机制研究	罗贤宇	马列·科社	青年项目
	辩证唯物主义视域下习近平生态文明思想整体性研究	周杨	马列·科社	青年项目
	习近平生态文明思想对历史唯物主义的原创性贡献研究	李刚	马列·科社	一般项目

3. 著作研究情况

在相关著作方面，笔者对中国国家数字图书馆数据库、当当网以检索词"新时代""生态文明""生态文明思想"等为关键词进行网络检索；对西安交通大学图书馆、西安理工大学图书馆进行检索，剔除内容关联性不大的书籍，共检索出以下有价值的文献资料。（如表1－2所示）

表1－2　2012年至今关于新时代中国特色社会主义生态文明思想的相关著作汇总表
（按出版时间的顺序）

年份	书名	作者	出版社
2013	中国特色社会主义生态文明建设	于晓雷	中共中央党校出版社
2014	习近平总书记系列重要讲话读本	中共中央宣传部编	学习出版社、人民出版社
	建设生态文明建设美丽中国	国家林业局	中国林业出版社
	中国生态梦	王连芳	吉林大学出版社
	美丽中国：生态文明建设的理论与实践	陶良虎等	人民出版社

（续表）

年份	书名	作者	出版社
2015	走向生态文明新时代的科学指南：学习习近平同志生态文明建设重要论述	李军等	中国人民大学出版社
	中国特色生态文明思想教育论	曹关平	湘潭大学出版社
2016	中国特色社会主义生态文明建设研究	郝清杰等	中国人民大学出版社
	生态文明理论与实践研究	陈金清	人民出版社
	论生态文明及其当代价值	张敏	中国致公出版社
	习近平关于社会主义生态文明建设论述摘编	中共中央文献研究室	中央文献出版社
	中国特色社会主义生态文明思想研究	龙睿赟	中国社会科学出版社
	开创社会主义生态文明新时代	张云飞	中国人民大学出版社
	"两山"重要思想在浙江的实践研究	葛慧君	浙江人民出版社
	中国特色社会主义生态文明建设理论与实践研究	李红梅	人民出版社
2018	新时代生态文明建设思想概论	黄承梁	人民出版社
2019	生态文明建设的理论构建与实践探索	潘家华等	中国社会科学出版社
	生态文明建设新篇章	杨瑞、鲁长安	中国人民大学出版社
	新时代中国特色社会主义生态文明体系研究	顾钰民等	上海人民出版社
	生态文明思想源流与当代中国生态文明思想	王雨辰	湖北人民出版社
2020	马克思主义生态文明思想及中国实践研究	刘海霞	中国社会科学出版社
	新中国生态文明建设的历程和经验研究	张云飞、任铃	人民出版社
	生态文明与绿色发展研究报告（2020）	王雨辰	中国社会科学出版社
2021	新时代生态文明建设理论与实践研究	宫长瑞	人民出版社
	生态兴则文明兴：党的生态文明思想探源与逻辑	包存宽	上海人民出版社

其一，中央相关著作情况。截至目前，中央涉及新时代中国特色社会主义生态文明思想的文献著作有《之江新语》（2007）、《习近平总书记系列重要讲话读本》（2016）、《习近平社会主义生态文明建设论述摘编》（2017）、《习近平谈治国理政》（共三卷）等。这些著作主要以习近平主政地方探索生态文明建

设路径、开展生态环境保护实践为基础，继承中国共产党人关于生态文明的理论，对党的十八大以来推进生态文明建设的最新实践、最新成果、最新经验进行提炼和升华，对于全面把握新时代中国特色社会主义生态文明思想的内在逻辑和精神实质具有重要的参考价值。

其中，2007 年浙江人民出版社出版了《之江新语》一书。该书共收录了习近平 2003 年 2 月至 2007 年 3 月具有代表性和典型性的 232 篇短论。这些短论语言平实、话语清新、通俗易懂，具有很强的思想性、针对性和时效性，其中 24 篇短论专门论述了生态文明建设的相关问题，涉及如何实现浙江经济发展与生态发展相统一、生态文明建设的现实根源、如何建设生态文明、人民群众的生态诉求等内容，占全书内容的十分之一。特别需要注意的是，促进人与自然和谐相处的生态理念和价值目标，贯穿全书的每一章节，集中展现了习近平在省域层面丰富的生态文明建设经验，也深刻反映了新时代中国特色社会主义生态文明思想在浙江的发展脉络。

2016 年，中央宣传部组织编写了《习近平总书记系列重要讲话读本》一书。该书的整体框架是在深入领会和梳理习近平总书记系列重要讲话的基础上形成的，所有论述及主要观点均忠实于习近平总书记关于生态文明建设重要论述的原话、原貌、原文。可以说，此书是广大党员、干部和群众学习习近平总书记重要讲话精神的重要辅助材料。其中，第八部分以"绿水青山就是金山银山——关于大力推进生态文明建设"为主题，系统阐述了关于生态文明建设的科学内涵、重要价值、精神实质和实践要求等，集中体现了习近平总书记深厚的生态情怀、清晰的工作思路和生态惠民的责任担当，为解决生态问题提供了重要的科学遵循和现实指导。

2017 年，中共中央文献研究室编写完成了《习近平关于社会主义生态文明建设论述摘编》一书。该书共分为七个专题，分别摘自习近平总书记关于生态文明建设的 259 段论述，涉及其重要讲话、科学报告、专门批示、相关贺信等内容。这些论述充满人文情怀、哲学思辨、全球视野，具有很强的战略性、前瞻性、指导性，为全面推进生态文明建设提供了基本遵循和行动指南，指明了前进方向。

2014 年、2017 年、2020 年分别由外文出版社出版了《习近平谈治国理政》（共三卷），涉及中国生态文明建设的发展理念、发展道路、内外政策等内容。其中，2014 年《习近平谈治国理政》第一卷在 2018 年进行了修订，其第八个专题以"建设生态文明"为主题，收录了 3 篇重要文章；2017 年《习近平谈治国理政》第二卷中第十一个专题以"建设美丽中国"为主题，收录了 5 篇重要文章；2020 年出版的《习近平谈治国理政》第三卷第十三个专题收录了党的十九大以来关于"促进人与自然和谐共生"的 4 篇重要文章。这些论述与时俱进地拓展和深化了新时代中国特色社会主义生态文明思想，为全面建设社会主义现代化国家提供了重要指引。值得注意的是，由光明网录制的《习近平谈治国理政百集连播（语音版）》已于 2016 年 5 月 13 日正式上线，它有效地发挥了新媒体的资源优势和网络传播能力，壮大了网络空间的主流声音，为我们系统学习习近平总书记系列重要讲话精神提供了更为便利的方式和途径。

其二，国内学术性论著研究情况。目前，除了学术论文以外，部分知名学者通过著书的方式，对生态文明理论以及思想展开研究。具体来讲，截至目前，值得关注的相关论著主要有以下几部。

一是 2019 年由中国社会科学院学部委员、生态文明研究智库常务副理事长潘家华等撰写的《生态文明建设的理论构建与实践探索》。该书较为系统地学习、研究和阐释了党的十八大以来，习近平新时代中国特色社会主义思想体系中关于生态文明建设的理论与实践问题，梳理、探析和阐发了生态文明思想的学理认知、科学体系、逻辑主线以及方法论、认识观和实践性，追本溯源地探求了生态文明思想的理论渊源，较为全面地论述了生态文明思想的理论特色、历史地位，指出生态文明思想是科学完整的理论体系、话语体系，是走向社会主义生态文明新时代、落实 2030 年可持续发展议程行动计划、为全球生态安全作贡献的价值遵循和实践指南。

二是 2018 年由中国社会科学院生态文明研究智库理论部主任黄承梁撰写的《新时代生态文明建设思想概论》一书。该书从内容结构上分为上、中、下三篇，正文共计八章。全书以马克思主义哲学、法学、理论经济学等专业知识为基础，全面梳理和阐发了新时代中国特色社会主义生态文明思想的战略全貌及其蕴含的若干科学论断，深入探讨了这一思想产生的历史渊源、时代总依据以及历史条件，体现了对这一思想的战略体系的认知；从怎样建设生态文明出发，探索了这一思想的实践体系；积极构建立足国内、面向世界的中国生态文明哲学社会科学话语体系，从而以生态文明建设的"中国方案"指导全球生态文明建设理论和实践。可以说，这部书具有较高的逻辑水平，是新时代关于中国特色社会主义生态文明思想的专门性、科学性与整体性理论著作，在所有研究成果中占据重要地位，具有重要的参考价值和指导意义。

三是 2017 年由中国人民大学出版社出版的《开创社会主义生态文明新时代》（生态文明卷）一书。该书由张云飞和李娜合著，主要围绕"生态文明新思想""生态建设新思路""绿色发展新方略"等六个方面，全面展现了大力推进生态文明建设的思想和战略，成为具有鲜明中国特色又具有普遍意义、引领世界转型发展的专门性著作，为实现工业文明向生态文明转型提供了根本遵循，是开创社会主义生态文明新时代的科学指南。

四是 2015 年由中国人民大学出版社出版的《走向生态文明新时代的科学指南：学习习近平同志生态文明建设重要论述》，该书由中共贵州省委习近平系列重要讲话精神学习研究小组组织编写，共包括九章内容，遵循理论与实践相统一的原则，全面收集了关于生态文明建设的重要讲话、相关论述等内容。值得一提的是，该书每章的标题基本上都是引用习近平总书记关于生态文明建设的重要论断和主要观点，是深入学习贯彻新时代中国特色社会主义生态文明思想的重要参考文献。

从上述分析可以看出，在论文研究方面，国内学界对新时代中国特色社会主义生态文明思想的整体性、系统性研究正处于"跃跃欲试"的兴盛阶段，极大地推动了相关研究的纵深发展。但同时应该注意到，目前主要学术成果集中在对该思想主要内容、形成过程、时代价值、地方实践等某一方面的研究，尚处于一个初步阐释阶段。课题立项方面，随着新时代中国特色社会主义生态文明思想的正式确立，关于这一思想课题立项的数量逐年递增，在数量、质量、内容方面也较具体和丰富，更加注重实践经验的研究。著作方面，由于涉及领导人的专门性著作理论深、周期长、标准高，截至目前，关于系统研究新时代中国特色社会主义生态文明思想的专门性著作尚不多见。在今后的研究中，要加深对现有研究成果的理性凝练，以期对这一思想作出更加科学与客观的阐释与概括。

（二）国外研究综述

就国外专家学者而言，对新时代中国特色社会主义生态文明思想的研究尚未涉及，但随着西方工业污染的加剧，日趋严峻的环境问题催生了国外关于生态文明相关理论与实践的发展。为了更好地对新时代中国特色社会主义生态文明思想展开研究，很有必要归纳总结国外学者对生态文明理论的研究，这不仅有助于进一步拓宽、丰富这一思想的内涵，同时也能为全球生态治理提供一些理论借鉴。具体来讲，国外的相关研究主要体现在以下两个方面。

1. 对新时代中国特色社会主义生态文明思想的研究

就国外专家学者而言，很多人对中国的生态文明建设给予了很高的评价。这些评价主要来源于各国媒体的相关报道，较为分散，且具有隐含性、内包性等特点。

一是对习近平总书记的个人评价。党的十八大以来，以习近平同志为核心的党中央围绕实现中华民族伟大复兴中国梦的宏伟目标，对生态文明建设进行了一系列战略部署，其始终坚持以人民为中心的价值取向和致力于全球生态治理的责任担当赢得了国际上的广泛认可与高度评价。如2015年由熊玠主编、美国时代出版公司出版的《习近平时代》一书，专门论述回答了"领导中国的究竟是怎样一个人"这一问题，把"有铁腕，敢担当；取中道，善平衡；重官德，严自律；说真话，真性情；爱读书，精传播；亲百姓，厚人情"作为习近平总书记高尚品德的鲜明特色。英国学者马丁·雅克郑重谈到，"习近平任中共中央总书记标志着一个时代的开始"。德国前总理施密特在为《习近平谈治国理政》一书所写的书评中提到："习近平主席对儒家思想的阐释，显示出中国日益增强的文化自信。在中国这样规模的大国，国家的凝聚力至关重要。"新加坡总理李光耀也给予习近平高度评价,他认为,"广阔的视野,精准的判断能力,高效的执行能力"代表了习近平的执政风格和人生态度。印度汉学家狄伯杰这样评价习近平,他说道,"习近平是一位知行合一、言出必行的领导人,要想了解中国向何处去,就必须了解习近平治国理政思想"。

二是着力于对这一思想中包含的"中国梦""可持续发展""中国方案"的价值阐释。印度学者 Manoranjan Mohanty 认为,"中国梦"把今天的中国人以及中国各方面的发展与中华民族百年来持续不断的民族复兴联系了起来。美国著名生态专家罗伊·莫里森在其著作《可持续发展的密码——生态学调查》一书中,高度评价了中国在推进生态文明建设中作出的有益探索与时代贡献,并坚信"中国将成为世界可持续发展的领导者"。哈萨克斯坦国际问题专家瓦里汗·图列绍夫表示,中国推进生态文明建设的最终目的与中国共产党始终坚守的执政理念高度一致,即一切为了人民,为了人民的一切。

三是对新时代中国特色社会主义生态文明思想以及中国生态环境保护成就的研究。法国女作家索尼娅·布雷斯莱积极评价习近平在巴黎气候变化大会上《携手构建合作共赢、公平合理的气候变化治理机制》的重要讲话,她认为,"习近平的讲话内容清晰具体,承诺掷地有声,向全世界显示了中国应对气候变化的坚定决心"。93 岁高龄的美国国家人文科学院院士小约翰·柯布十分关注习近平关于生态文明建设的重要讲话,在接受新华社记者采访时曾表达了他对习近平的尊敬和赞美,他说道,"中国的生态保护走上了健康、和谐、可持续发展的道路,这将为其他国家做出榜样"。荷兰阿姆斯特丹国际商学院教授弗朗索瓦提到,"新时代中国特色社会主义生态文明思想很有启发意义,是站在更高层次上对重构人与自然和谐状态的深邃思考。它所带来的发展方式转化,也实实在在地改变着中国的面貌"。俄罗斯人民友谊大学教授塔夫罗夫斯基认为,"中国正在转变粗放型的发展理念,从'唯 GDP 论'到重视绿色 GDP",并在其出版的《神奇的中国》一书中记录了中国政府为治理污染所付出的努力。

总之,国外学术界和相关媒体对习近平的关注和评价多是基于其治国理政的思想及其具体实践,他们一致认为,新时代中国特色社会主义生态文明思想可以为其他国家应对生态挑战提供有益的借鉴，可以为全球的生态环境保护工作提供有益的经验。

2. 关于生态文明相关理论的研究

毋庸置疑，关于生态文明理论的研究起源于欧美国家，随后基于社会经济发展以及生态环境保护的需要，逐渐传播到其他国家。虽然国外对新时代中国特色社会主义生态文明思想的专门论述不多，但从 20 世纪 70 年代以后，人们越来越意识到人类社会陷入生态危机，可持续发展面临着极大挑战，国外学术界开始普遍关注生态环境与可持续发展问题，产生了一批代表性学者及研究成果，成为新时代中国特色社会主义生态文明思想的重要材料与理论来源。

具体来说，国外对生态问题的研究先后经历了 17 世纪末到 18 世纪初期的生态意识萌芽阶段、19 世纪初到 20 世纪 60 年代以来的生态危机阶段、20 世纪 60 年代到 70 年代生态理论的全面推进阶段以及 20 世纪 80 年代以后的可持续发展阶段等四个主要阶段。

一是关于 17 世纪末到 18 世纪初的生态意识萌芽阶段的研究。西方自然生态意识的萌芽开始于 17 世纪末 18 世纪初期。这一阶段的主要代表人物有以下几位：英国古典政治经济学创始人威廉·配第（1623—1687），他在 1662 年的著作《赋税论》中认为，社会财富的真正来源在于劳动和土地，对此，他提出了"劳动是财富之父，土地是财富之母"的论述。同时，他又辩证地指出，劳动虽能创造财富，但时刻要受到自然因素的制约。1798 年，英国人口学家、政治经济学家马尔萨斯在其著作《人口学原理》中提出了"如果没有限制，人口是呈指数速率增长"的预言，并指出在这样的背景下，未来人类社会发展的主要矛盾将是人口、土地和粮食之间的矛盾。1848 年，英国哲学家、经济学家约翰·斯图亚特·穆勒充分肯定人类有能力解决环境资源问题，但反对滥用资源的行为。1866 年德国海克尔首次提出"生态学"这一概念，使生态与自然关系的研究最先引起学术界的关注。这一阶段对生态的研究，虽然仍存在一些缺陷，还没有上升到生态文明的高度，但学者们已经开始关注人与自然的关系。

二是关于 19 世纪初到 20 世纪 60 年代以来生态危机阶段的研究。19 世纪初到 20 世纪 60 年代，人类越来越清楚地看到日益恶化的生态危机和生存危机，从生态的角度探讨理论问题，成为学术界研究的重要趋势。1935 年，英国学者斯坦利提出"生态系统"的概念，将生物与其环境作为一个系统进行研究，生态学跨入现代生态学阶段。1962 年，美国生态作家蕾切尔·卡逊出版《寂静的春天》一书，成为第一代关注生态环境的代表人物。该书披露了化学杀虫剂对人类环境造成的严重危害，认为这种危害使生机勃勃的春天不会来临了，书中的论述在很大程度上唤起了民众对生产发展与自然环境之间矛盾的严肃思考，标志着人类首次正式且严肃地开始关注生态环境问题。[①] 此外，美国历史学家林恩·怀特在 1967 年发表的《我们生态危机的历史根源》一文中指出，生态危机根源于西方基督教的观念，即认为人类应该"统治"自然，对生态环境保护运动的开展起到了积极的促进作用。特别需要指出的是，这个阶段美国学者德内拉·梅多斯、乔根·兰德斯、丹尼斯·梅多斯出版的《增长的极限》一书，对人类社会不断追求增长的发展模式提出了质疑和警告，掀起了世界性的生态环境保护热潮。

三是关于 20 世纪 60 年代到 70 年代生态理论全面推进阶段的研究。20 世纪 60 年代以后，伴随着新科技革命的加快推进，全球经济社会发展进入高速发展期，人与自然的关系更加复杂多样，促进了西方学者对生态环境问题的关注与研究，使这一研究进入全面推进的阶段。具体表现在：（1）关于生态马克思主义的研究。环境污染和生态破坏严重威胁人类生存，在应对生态危机和推动人类社会发展的过程中，西方马克思主义者试图把马克思主义与生态学结合起来，寻找经济社会发展的新途径，形成了"生态马克思主义理论"。此理论的代表人物和著作观点主要有：霍华德·帕森斯的《马克思恩格斯论生态学》（1978）一书，全面总结了马克思对生态、人与自然的观念，并在此基础上寻求解决生态危机的现实途径。除此之外，安德烈·高兹的《生态学和政治》（1975），本·阿格尔的《西方马克思主义概论》（1979）等，都

---

① ［美］蕾切尔·卡逊：《寂静的春天》，吕瑞兰、李长生、鲍冷艳译，上海译文出版社 2015 年版。

对资本主义生产方式的局限性进行了深刻反思，认为共产主义是人类走向未来的"绿色道路"和必要选择。（2）关于深层生态学的研究。深层生态学理论是一种生态整体主义世界观，由挪威哲学家阿伦·奈斯于1973年在《浅层生态运动和深层、长远的生态运动：一个概要》中提出。他主张简约的生活方式、在保护自然的前提下发展经济等观点，寻求从根本上解决生态危机的世界观、价值观及实践方式。（3）关于生态伦理学的研究。1970年以来，生态伦理学得到快速发展，最具代表性的是美国学者墨特和诺顿，他们为生态伦理学作出了重要贡献，一致强调要实现人与自然的和谐，必须依靠人的理性。同时，美国学者罗尔斯顿作为著名杂志《环境伦理学》的创始人之一，先后发表了《存在生态伦理学》（1975）、《哲学走向荒野》（1986）、《保护自然价值》（1994）等研究成果，他的著作及观点构建了现代生态伦理学的科学体系，被评价为一位开创性的生态伦理学家的"自然哲学的上品""实践中的环境哲学"。与此同时，美国学者泰勒在《尊重自然：一种环境伦理学理论》一书中对生命的内在价值进行了科学论证，构建起一套科学系统的关于生物伦理学的研究体系。

四是关于20世纪80年代以后的可持续发展阶段的研究。1987年，挪威首相布伦特兰夫人在《我们共同的未来》的报告中，对可持续发展理念的基本概念作出了比较系统地阐述，即"既能满足当代人的需要，又不对后代人满足其需要的能力构成危害的发展"。这一概念界定得到了民众的广泛认同，成为世界各国的共同发展战略。随后1992年在巴西里约热内卢召开了世界性的环境保护大会——联合国环境与发展会议，通过了《里约热内卢环境与发展宣言》《21世纪议程》等重要文件，标志着可持续发展原则在全球环境和发展领域内正式确立。2002年联合国在约翰内斯堡召开了全球可持续发展世界首脑会议，制定了21世纪环境保护和可持续发展的具体措施，并将它提升到关系人类命运的战略高度。在联合国的推动下，生态文明理念在全球范围内被接受被认可，人类开始真正意识到社会经济发展方式亟须改变。对此，西方一些学者在全球经济相对平稳、政治相对稳定的大环境下，开始正视生态现状、挖掘问题根源、寻求解决途径，对我国推进生态文明建设具有重要借鉴作用。

总的来说，由科学技术的迅速发展造成的生态危机，使越来越多的学者开始意识到生态环境保护的重要性和迫切性，由此展开了对生态文明理论研究的热潮，形成了一批重要的生态文明理论和研究成果。通过对国外学者生态文明理论研究的归纳与回顾，可为新时代中国特色社会主义生态文明建设提供一定的理论与实践借鉴。

（三）研究现状述评

总体而言，当前学界从整体性、分领域、列专题等几个维度分别对新时代中国特色社会主义生态文明思想进行了较为充分的探讨，成果涉及学科领域广，理论分析透彻，提出了一些可供借鉴的思想观点，形成了一系列理论成果，一定程度上夯实和丰富了这一思想的内涵，同时也为该书框架的形成和理论运用提供了有益的借鉴启示。然而，从目前研究成果来看，生态文明建设任重而道远，正处于发展的关键期、攻坚期、窗口期，对它的相关研究不可能一蹴而就，研究过程中存在的一些缺陷也有待进一步加强。

一是从研究视角上来看，对新时代中国特色社会主义生态文明思想的研究成果基本上还是呈碎片化状态，更多的是对这一思想的某一部分，如演进逻辑、时代背景抑或理论体系等进行概括与凝练，未形成一个完整的历史延续脉络。这些略显单一的理论研究，没能对新时代中国特色社会主义生态文明思想的产生依据、形成过程、体系特征、践行路径及价值意蕴等进行全方位呈现。二是从研究内容上来看，多数成果侧重于对新时代中国特色社会主义生态文明思想的宣传、解读、阐述，仅限于介绍和概括马克思主义学者的代表性观点，在视角视野、思路要求、观点内容、对策建议等方面缺乏原创性的学术贡献。特别是对这一思想的理论贡献和现实价值的挖掘有所欠缺，缺乏纵向学理的科学性、客观性、学术性探讨和明确定论，影响了时代价值的充分发挥。

综上所述，新时代中国特色社会主义生态文明思想今后需要进一步深化研究的着力点在于：

一是加深理论研究，既要深入挖掘，又要客观阐释。毋庸置疑，对一种理论体系的研究，既要遵循系统、全面的原则，又要立足科学、客观的解读，唯有如此，才能真正建立起生态文明建设的话语自觉和理论自信。因此，在今后的理论研究中，要对这一思想的全景全貌进行创新性的解读和诠释，特别是关于马克思恩格斯的生态文明观、关于中国传统文化中的生态智慧等理论性较强的内容，同时又要避免过度或强制阐释，力争做到客观、准确地定位新时代中国特色社会主义生态文明思想及其理论。

二是扩宽研究广度，体现整体研究。生态文明建设与"五位一体"总体布局是两个相互独立又相互渗透的整体。生态文明建设不仅内在地包含于各领域建设中，同时还是夯实各领域建设的根本基础。因此，应当深化生态文明建设在"五位一体"总体布局中的系统研究，得出较为科学、客观的历史结论。

三是重视实践经验的总结。目前的研究中，学者关于生态文明思想的研究多侧重理论，关于生态文明建设的经验、案例等实证研究较为薄弱。针对于此，在今后的理论研究中，要坚持以"问题意识"和"实践应用"为导向，基于理论分析、逻辑演绎等研究方法，更加注重学科交叉，侧重采用实证调研、数据分析、案例分析、经验总结等多学科研究技术，对生态文明建设先进示范地区和典型模式进行全面提炼，进一步强化原有的理论研究，提升理论指导实践的能力。

上述三条内容恰恰形成了本书研究的基本出发点。

三、研究思路

本书紧紧围绕新时代中国特色社会主义生态文明建设面临的新机遇和新挑战，以党和中央关于生态文明建设的新理念新思想新战略为依托，以如何实现美丽中国为主题主线，分别总结、凝练了这一思想产生的时代背景、历史逻辑、体系特征、实践路径以及价值意蕴等内容，力图构建完整、科学的思想理论体系，凝聚全社会对生态文明建设的共同关注和历史责任。

一是强化新时代中国特色社会主义生态文明思想的体系性研究。从全局性战略高度加强对这一思想的体系性研究，概括、凝练这一思想的历史地位、体系特征、理论贡献、指导意义和实践要求，改变现有研究碎片化、零散化的状况，为建设美丽中国、实现中华民族永续发展贡献科学力量。

二是强化新时代中国特色社会主义生态文明思想的学术性研究。全书以突出学理性为核心，结合相关理论，试图以学术深度、理论高度提升研究质量，把问题研究透、深、新，从而改变现有研究注重解读性、宣传性、阐释性的研究范式，力争形成具有学术含量、理论深度的高质量研究成果。

三是强化新时代中国特色社会主义生态文明思想的科学品质研究。研究力求具有战略性的学术视野和策略性的实践价值，即从战略高度和哲学、政治学、经济学等多学科视角，概括这一思想的理论特质，增强研究的科学水平。

四是强化新时代中国特色社会主义生态文明思想的创新性研究。本书在梳理、阐释这一思想整体框架的同时，以宏观、创新的视野，力求进一步将这一思想与中国共产党的生态文明思想、与人民日益增长的美好生活需要相结合进行创新研究。

总的来讲，本书遵循"理论渊源的系统凝练—形成背景的精准把握—发展过程的微观透视—体系特征的系统解读—价值意蕴的深入挖掘—实践路径的科学设计—成就经验的凝练概括—实践样本的梳理总结"的研究思路。各个章节层层递进，在体现新时代中国特色社会主义生态文明思想整体性的同时，也构成了这一思想的理论框架，初步展现了这一思想的全景全貌，彰显出其巨大的理论魅力和时代贡献。

四、研究方法

本书是在辩证唯物主义、历史唯物主义基本原理指导下进行的理论创新，坚持史料结合、史实结合、史论结合，坚持理论与实际、历史与现实相结合，综合运用文献研究法、多学科综合研究法、历史与逻辑相统一分析法、比较分析法等方法开展相关研究。

其一，文献研究法。本书对文献的搜集和借鉴主要集中在马克思主义经典作家的相关著作及理论观点、国内外学者关于生态文明的研究成果和重要观点、党中央关于生态文明的阐述，特别是习近平总书记关于生态文明的系列重要讲话和系列文章等，这些文献资料为新时代中国特色社会主义生态文明思想提供了不可缺少的参考依据。这些文献研究有利于增强对新时代中国特色社会主义生态文明思想的系统性认识，展示这一思想的丰富内涵。

其二，多学科综合研究法。鉴于新时代中国特色社会主义生态文明思想的宏观性与复杂性，本书在马克思主义理论框架下，将生态哲学、生态政治学、生态经济学、生态伦理学、生态社会学等诸多学科的理论及研究方法进行融合，形成学科交叉优势。通过多角度、多学科的分析、探讨，以期对新时代中国特色社会主义生态文明思想进行更为系统、全面的解读。

其三，历史与逻辑相统一分析法。这是本书采用的最基本的研究方法。将新时代中国特色社会主义生态文明思想的逻辑体系与唯物史观的理论逻辑结合起来，追溯新时代中国特色社会主义生态文明思想的理论渊源，对其历史演进历程进行考察。同时，运用逻辑思维方法，从世情、国情、党情等方面分析新时代中国特色社会主义生态文明思想产生的时代背景。

其四，比较分析法。本书既有对西方现代生态理论的借鉴，吸收其他国家生态文明思想研究的优秀成果，又有对中国古代优秀生态文化思想的吸收，结合我国实际特点，扬长避短；既有对新时代中国特色社会主义生态文明思想的历史追溯，又有对新时代中国特色社会主义生态文明建设的战略设计和实践探索。通过纵向比较，分析、总结我国生态文明建设的历史经验和存在的阶段性差异，发现其历史发展规律，挖掘其时代价值和历史地位。

五、基本创新点

目前，国内外对新时代中国特色社会主义生态文明思想的研究成果颇多，但还是比较缺乏全面深入的理论研究成果。本书以期在已有研究成果基础上进一步创新完善，遵循从原理到传承、从理论解读到发展轨迹、从内容定性到价值定位的研究路径，探索和阐述了这一思想的一系列相关问题，具有一定的创新性。

一是研究视角有所创新。针对新时代中国特色社会主义生态文明思想碎片化研究的理论局限，本书以"整体性"研究视角，将这一思想置于马克思主义理论的宏观视域中，以"现实问题"为导向，从理论渊源、形成背景、形成过程、体系特征、实践路径、价值意蕴等层面，以逻辑递进的方式对其展开全方位、整体性探索与研究，以期起到一个抛砖引玉的作用，吸引更多学者对这一思想展开综合研究。

二是研究内容有所创新。本书基于新时代推进生态文明建设必须坚持的"六项原则"，尝试从历史定位、核心观点、基本遵循、全球思维等维度对新时代中国特色社会主义生态文明思想的科学内涵进行归纳总结，一定程度上丰富、创新了学界对这一思想体系的研究。

三是研究方法有所创新。在研究方法上，本书着重运用比较分析法对新时代中国特色社会主义生态文明思想的理论渊源进行科学把握；着重运用文献分析法、逻辑与历史相统一法的方法对这一思想的发展历程、体系特征进行详细分析；着重运用多学科综合研究方法系统挖掘这一思想的具体实践路径，力求打破单一学科研究视角的局限性。当然，这些研究方法是贯穿在新时代中国特色社会主义生态文明思想的全部理论和实践问题当中的，需要继续努力开辟这一研究的新境界。

第二章 新时代中国特色社会主义生态文明思想基本概念诠释

研究中国特色社会主义生态文明思想，有必要对该书涉及的一些基本概念进行全面的认知和理解。因此，本章以相关概念的理解和认知为切入点，明确界定相关概念，主要包括对生态、文明、生态文明、生态文明思想等概念的诠释辨析。

一、生态

理解"生态"的概念是理解"生态文明"以及"生态文明思想"的前提和基础。据史料考证，"生态"是基于"生态学"基础上的专业名词，最早的意思是"房屋、居住地、居住环境"，通常指生物在特定的自然环境下生存和发展的状态。在这一状态下，每个生物体作为生命因子的同时成为另一个生物体的环境因子，于是具有个体差异的各个生命体，建立了物种之间相互依存的关系。在这里，生命体与环境是构成生态系统的最基本的两大要素。① 从生命个体角度看，"生态"是生物个体与环境之间的相互关系，既包括生物对环境的适应过程，

① 杨志、王岩、刘铮：《中国特色社会主义生态文明制度研究》，经济科学出版社 2014 年版，第 3 页。

也包括环境对生物的塑造作用；从生命群体的角度看，"生态"是由生物的种群和群落构成的生命系统及其支撑生命的环境系统。

从社会历史发展和唯物主义的角度，人们通常把"生态"理解为人的本质力量对象化的实践活动的对象、内容和结果，认为"生态"既是一种外部客观的物质实体，也是一种建立在物质基础上、随着社会历史发展而发展的自然、社会、人之间的互相作用关系。① 同时，也有一些学者认为，"生态"这一概念的着眼点是关系，更强调生物之间、生物与生长环境之间的整体性、系统性和有机性。例如，有学者认为，"生态"就是"生物在自然界的生存状态"②，这种从关系角度理解的"生态"，更注重对生物与生存环境的协同性、整体性和有机性关系的把握。

结合上述阐释，本书采用广义的"生态"概念，认为"生态"不是纯粹自然科学意义上的生态系统，而是指在唯物史观视野下以自然环境为基础所形成的人与自然、社会、自身，且具有社会历史性的关系。当前，"生态"已经渗透到社会生活的各个领域，涉及的范围也越来越广泛。

二、文明

"生态文明"作为人类文明史上的一个新形态，是以生态为特征、以文明为本质的新形态。因此，如何理解"文明"以及"文明形态的演化与更迭"，是研究"生态文明"及其"生态文明思想"的另一个前提。从国内外不同时期对"文明"的理解来讲，"文明"的内涵应该包括以下两个基本要点。

首先，从中国古代说起。我国古代很多文献中都有关于"文明"的记载和论述。诸如《周易·乾·文言》里说"见龙在田，天下文明"③。唐代孔颖达

---

① 董强：《马克思主义生态观研究》，人民出版社 2015 年版，第 28 页。
② 周道玮、盛连喜、孙刚等：《生态学的几个基本问题》，《东北师大学报》（自然科学版）1999 年第 2 期。
③ 有易书房主人：《乾卦的智慧》，上海书店出版社 2004 年版，第 196 页。

注疏："天下文明者，阳气在田，始生万物，故天下有文章而光明也。"这里的"文明"指的是"文采光明"之意。再如司马光《呈范景仁》中提到"朝家文明所及远，于今台阁尤蝉联"；元刘壎《隐居通议·诗歌二》中"想见先朝文明之盛，为之慨然"中的"文明"；清代李渔《闲情偶寄》中讲"辟草昧而致文明"。以上所谓的"文明"，是"文治教化"的意思，即开化、进步的积极状态。

其次，在西方国家中，"文明"更是人们的普遍用语，最早来源于拉丁文"Civis"，意思是"公民的"。1961年《法国大拉罗斯百科全书》提出，"文明"一词用法甚多，主要是"开化的社会""文明事业""社会的高度发达"的意思。1964年《英国大百科全书》中认为，"文明"是集语言、信仰、道德、宗教以及人类思想于一体的话语表达。1978年《苏联大百科全书》中称："文明是社会发展、物质文化和精神文化的水平和程度；是继野蛮时代之后社会发展的程度。"就此而言，"文明"是指人类在社会发展中的进步状态，是人类社会发展到高级阶段的产物。

通过上述描述，我们可以从时间维度、地域维度以及人类社会发展维度等不同的视角对"文明"的内涵进行划分和研究。从时间维度来看，文明主要包括古代、近代、现代等形态。从地域空间角度来看，有诸如两河流域文明、亚洲文明、欧洲文明等特色文明形态。从人类文明发展的演进历程来看，"文明"作为社会发展到较高阶段表现出来的基本状态，是以人类为本体、以人类活动为本源的社会实践过程，是人类创造的物质财富和精神财富的总和。目前，随着人类社会的不断发展，"文明"一词已经不再仅仅局限于狭隘范围内，而是贯穿经济、政治、文化、社会全过程，体现着一个国家人民群众的个体素质状态，彰显着一个社会的文明进步程度。本书主要遵循历史唯物主义方法，认为"文明"作为人类社会的一种基本属性，是指人类在社会活动过程中所形成的人与人之间、人与自然之间和谐共生的生存发展状态，它在本质上是人在自然的良性生态环境中所构建的社会生态存在。

三、生态文明

生态文明研究作为马克思主义当代研究的一个理论视域，有必要明确相关概念，其中，"生态文明"作为研究探讨生态环境问题及生态文明建设的一个最重要概念，对其内涵的不同理解，会直接影响人们对生态文明的属性、理念、本质等的理论认识。

追溯起来，我国最早使用"生态文明"这一概念的是我国著名的生态农业科学家叶谦吉教授，他曾在 1987 年的全国生态农业问题讨论会上，针对我国生态环境趋于恶化的状况，呼吁要大力提倡生态文明建设，并将"生态文明"定义为："人类既获利于自然，又还利于自然，在改造自然的同时又保护自然，人与自然之间保持着和谐统一的关系。"① 其后，在其《生态农业——农业的未来》一书中，叶谦吉教授进一步阐述了生态文明问题，并明确指出，21 世纪是生态文明建设的世纪，人与自然应该成为和谐相处的伙伴。

目前，人们对于"生态文明"的理解主要从人类社会发展视角出发，一是从构成成分上来看，"生态文明"并不是一种独立的形态，而是一个复合性概念，是与物质文明、精神文明和政治文明并存的文明形式之一。其中，生态文明是对物质文明的提升，是对精神文明的有益补充，是对政治文明的完善和发展。可以说，唯有生态文明的健康持续发展，才有其他三大文明的进一步发展。二是从人类历史发展阶段来看，生态文明是继工业文明之后的新的文明形态，是人类文明发展史上不可逆转的先进形态和必然趋势，涉及人、自然、社会以及经济、政治、文化、道德等各个领域。总的来说，目前人们对"生态文明"的概念有着不同的理解，处于理论构想和实践孕育阶段，需要从历史和现实两个层面整体把握，为生态文明建设指明方向。

综上，本书认为，"生态文明"是以"生态"为基本特征的社会文明形

① 徐春：《生态文明是科学自觉的文明形态》，《中国环境报》2011 年 1 月 24 日。

态，是以人与自然、人与人之间和谐共生为基本目标，以尊重自然、顺应自然、保护自然为根本主旨，以人类社会可持续发展为着眼点的一种新的进步的、有利于人类生存发展的文明形态，是对人与自然关系历史的总结和升华。正如马克思、恩格斯在《德意志意识形态》中所说的"……感性世界的一切部分的和谐，特别是人与自然界的和谐"①，基本上概括了学术界目前关于"生态文明"的所有定义。

四、新时代中国特色社会主义生态文明建设和生态文明思想

　　新时代中国特色社会主义生态文明思想是立足中国、面向世界的生态文明建设理论体系和话语体系，这一思想的主体是生态文明建设。因此，有必要明确理解"生态文明建设"这一核心概念，为系统研究这一思想奠定基础。

　　根据上述阐释我们知道，"生态"是生物在一定自然条件下生存和发展的基本状态，"生态文明"是以生态为特征、以人与自然之间和谐相处为目标的社会文明形态。"生态文明建设"以对"生态"和"生态文明"概念的理解为基础进行总结，即以经济建设为基础、政治建设为保障、文化建设为动力、社会建设为载体的社会整体结构系统性建设。换言之，"生态文明建设"是既统一于"五位一体"总体布局中，又具有独立系统、独立体系的可以立即操作的建设。作为人类文明史上的一种崭新社会形态，生态文明建设的目的绝不是简单的污染防治，而是在合理继承工业文明的基础上进行的新的文明建设，是在经济发展中保护生态的伟大革命。②

　　特别值得注意的是，"生态文明建设"的核心是建立人与自然的和谐关系，这是一个复杂的系统工程，不能仅仅停留在对生态环境的保护层面，而

---

　　①《马克思恩格斯文集》第1卷，人民出版社2009年版，第528页。
　　②　杨志、王岩、刘铮：《中国特色社会主义生态文明制度研究》，经济科学出版社2014年版，第21页。

是构建一个生态化的体系，实现经济、政治、文化、社会建设的全面生态化，即从狭义的生态环境保护层面逐渐向广义的长期的、方向性的、战略性的生态文明建设推进，这是生态文明建设的终极目标和实践指向。因此可以说，生态文明建设的目标是构建人与自然、人与人和谐相处的社会，进而为中国可持续发展指明方向。

"思想"，也称"观念"，是指客观存在反映在人的意识中经过思维活动而产生的结果，深刻影响着一个人的行为方式、思维方式和情感态度。"生态文明思想"则是关于人与自然关系的基本思想，包括生态伦理、生态文化、生态道德等层面，涉及人的世界观、人生观和价值观等诸多方面。本书所指的"生态文明思想"，具体指的是新时代关于生态文明建设的理论体系，它在马克思恩格斯生态文明思想的指导下，深刻回答了社会主义初级阶段怎样应对生态危机的时代难题。整体来讲，我国的"生态文明思想"正确把握时代发展趋势，始终围绕生产力发展的主线演进，以实现人与自然和谐相处为目标，以建设美丽中国为着力点，坚持以人民为中心的人本思想，最终实现人的全面发展，体现了社会主义的本质特征。

其一，生态文明思想是系统的、整体的发展观。"生态兴则文明兴，生态衰则文明衰"的论断，站在人类文明发展的历史高度，从宏观视野把握生态文明建设的哲学价值，用整体性思维考察人类发展与生态环境的辩证关系。这一观念表明，解决人与自然矛盾的根本途径在于变革社会制度，最终实现人与自然、人与人之间的"两个和解"。从这个角度看，生态文明思想是同社会主义制度相结合的中国特色社会主义生态文明思想，体现了在社会主义制度下建设生态文明的优势。

其二，生态文明思想是绿色的、辩证的发展观。"保护生态环境就是保护生产力，改善生态环境就是发展生产力""绿水青山就是金山银山"等辩证思维，充满了生态学方法论，明确了发展是第一要务，破解了我国经济发展和环境保护的两难悖论，深刻揭示了环境保护的本质内涵和最终目标，是将生产力发展和科学进步的成果应用于满足人民群众日益增长的生态需求的具体体现。

其三，生态文明思想是以人民为中心的发展观。"良好的生态环境是最公平的公共产品，是最普惠的民生福祉"，这一生态民生观，与人民群众的实践需求密切相关，符合历史唯物主义的根本要求，是以人民为中心的具体表现。进一步说，生态环境保护问题说到底是民生问题，是人民群众的生态需求推动着生态文明思想的进一步深化。

总的来说，只有从"什么是生态，什么是文明，什么是生态文明，什么是生态文明思想"等这些最基本的概念范畴出发，才能真正挖掘出生态文明建设的理论与实践指向，并由此延伸到对人类文明形态演化方向的研究，这些对于研究新时代中国特色社会主义生态文明思想极其重要。

第三章　新时代中国特色社会主义生态文明思想的理论渊源

任何思想体系的形成和发展都是一定社会条件和现实生活的产物。研究新时代中国特色社会主义生态文明思想，需要有明确的逻辑支撑与理论起点。可以说，以什么样的理论作为基础，直接影响着生态文明建设目标的实现。作为一种崭新的文明理论与实践形态，新时代中国特色社会主义生态文明思想不是抽象的，而是具体的，它有一个辩证发展的历史过程，更是对以往重要思想的进一步继承、发展和创新。具体来讲，其来源有马克思恩格斯的生态文明观、中国历届领导人的生态文明理论、中国传统文化中的生态智慧以及西方社会的生态思想等。本章通过对其理论渊源的考察，不仅有助于厘清这一思想的理论基础，而且对于推动生态文明理论在当代的发展具有重要的支撑作用。

一、理论基石：马克思恩格斯的生态文明观

马克思恩格斯的生态文明观产生并形成于 19 世纪工业文明及其向生态文明过渡的历史阶段。这个阶段恰是工业革命如火如荼地在欧美等资本主义国家开展的时期。在资本逻辑主导的资本主义生产方式下，人们以更高的生产

力与更丰富的物质产品为追求目标，不断加大对自然的勒索，生态问题渐趋凸显。因此，人与自然的关系问题成为马克思恩格斯生态观的核心论题。他们虽然没有明确提出"生态"这一概念，也没有专门系统地研究生态环境问题，但是在其诸多著作中都有体现，比如在《1844 年经济学哲学手稿》《德意志意识形态》《关于费尔巴哈的提纲》《资本论》等著作及大量时评札记中，他们通过考察工业革命带来的社会问题，深刻分析了环境污染的危害和根源，形成了具有丰富科学内涵的生态思想。至今为止，马克思的生态观在当代仍然保持着强大的理论生命力，追根溯源，这在于它所具有的生态理论逻辑力量和与时俱进的理论品质。作为当代中国的马克思主义，新时代中国特色社会主义生态文明思想在理论思维和价值导向上与马克思主义生态观具有一脉相承性，是"源"与"流"的关系，奠定了新时代中国特色社会主义生态文明思想形成的理论基础。通过研读马克思恩格斯经典著作，可将其生态观概括为人与自然的辩证统一论、生态危机制度根源论、生态文明的价值取向论。

（一）人与自然的辩证统一论

习近平总书记指出，"学习马克思，就要学习和实践马克思主义关于人与自然关系的思想"[1]。马克思恩格斯关于人与自然关系的重要论述是新时代中国特色社会主义生态文明思想的理论基石。马克思恩格斯把生态问题放在当时经济社会发展的现实境遇中，根据具体的现实状况，提出了自然对人的优先地位、人是自然长期发展的产物、实践是人与自然辩证发展的中介等理论，这些理论的提出和发展也经历了一个复杂、长期的历史过程。

首先，自然对人的优先地位。自然界是物质世界发展的结果，是物质世界的具体样态，这就明确了自然的客观存在性，以及其优先地位。正如马克思恩格斯所指出的："宇宙的一切现象，不论是由人手创造的，还是由物理学的一般规律引起的，都不是真正的新创造，而只是物质的形态变化。"[2] "我们

---

① 习近平：《在纪念马克思诞辰 200 周年大会上的讲话》，人民出版社 2018 年版，第 21 页。
② 《马克思恩格斯全集》第 23 卷，人民出版社 1972 年版，第 56 页。

连同我们的肉、血和头脑都是属于自然界和存在于自然界之中的。"① 但同时他们又指出，在人与自然的关系中，自然对人具有客观性和先在性，制约着人的活动，人类只能认识规律、遵循规律，而不能创造规律、消灭规律。人的一切实践活动都要受到自然规律的制约，必须以自然条件为前提，这些自然条件也是人类赖以生存和发展的物质基础。人只有尊重客观规律，才能成功地改造客观世界，如果违背自然规律，肆意地破坏生态环境，必然遭到自然的惩罚。

其次，人是自然长期发展的产物。马克思恩格斯提出，人是自然界长期进化的产物，是"肉体的、有自然力的、有生命的、现实的、感性的、对象性"的存在物，人作为自然存在物必须是受自然制约和约束的。具体来讲，一方面，自然界不仅给予了人类生命，而且是人类生存发展的物质前提，人类只有依靠自然界提供的空气、水、阳光、食物等生活资料，才能维持其"本身的肉体生存"；另一方面，自然界是人类生存的外部环境，包括气候条件、地理条件等，人的劳动必须有自然界存在物的参与，否则劳动将不能进行。简言之，人作为一种自然存在物，既与其他的生命存在物一样，是一种受动的存在物，要受到自然界的制约和限制；但人又不同于其他的生命存在物，而是一种具有能动性的自然存在物，正如马克思所言，"人不仅仅是自然存在物，而且是人的自然存在物，就是说，是自为地存在着的存在物"②。

最后，实践是人与自然辩证发展的中介。马克思把自然界、人类和社会历史统一于实践之中进行考察，突破了以往把人同自然界对立起来的自然观念，认为人通过实践创造"对象性世界"。这一论述揭示了自然界通过人的社会实践不断地被人化的实质，人与自然形成了相互联系、相互影响、相互作用的辩证统一关系。一是人通过实践创造对象性世界，并与对象性世界相互依存。马克思认为，"劳动首先是人和自然之间的过程，是人以自身的活动来引起、调整和控制人和自然之间的物质变换的过程"③。人与自然在这种物质变换过程中必然要利用自然、改造自然，创造适合人类生存和发展的环境，使

---

① 《马克思恩格斯选集》第 4 卷，人民出版社 1995 年版，第 384 页。
② 《马克思恩格斯文集》第 1 卷，人民出版社 2009 年版，第 211 页。
③ 《马克思恩格斯全集》第 23 卷，人民出版社 1972 年版，第 201—202 页。

自然变成适合人类需要的人化自然，二者相互依存、相互统一。二是人和自然相互制约，通过实践共处于一个统一体中。在马克思恩格斯看来，人与自然相互作用的中介和桥梁就是创造性的劳动实践，离开人的劳动实践活动，人的对象世界是不存在的。与此同时，马克思恩格斯认为，人与自然之间一方面是相互依存、相互渗透、不可分割的，另一方面又是相互作用、相互制约的，可以说，"人与自然之间的否定与反否定，改变与反改变的关系，实际上就是作用与反作用的关系"①。

（二）生态危机制度根源论

在马克思恩格斯的视野下，生态环境问题不仅仅是一个社会问题，更是一个涉及生产方式、制度法治的政治问题。他们站在人类社会发展前途命运的高度，提出生态环境问题的根源在于资本主义制度的观点。

首先，揭示了自然的异化。人类对自然的征服与改造，既促进了自然的人化，也造成了自然的异化。基于此，马克思从异化劳动入手，指出，"异化劳动，由于（1）使自然界，（2）使人本身，使他自己的活动机能，使他的生命活动同人相异化，因此，异化劳动也就使类同人相异化；对人来说，异化劳动把类生活变成维持个人生活的手段"②，从而揭示了自然的异化是资本主义生态危机的本质，即以追逐利润为唯一价值取向的资本主义制度，从根源上割裂了人与自然的关系，将人类与自然对立起来，从而给生态环境带来了严重破坏，引发了人与自然、人与人之间的矛盾。

其次，批判了生态危机的产生根源。马克思恩格斯认为，工业文明创造的物质财富，在很大程度上是建立在资本主义剥削、殖民掠夺和利用先进技术开采资源的基础上，且"生产剩余价值或赚钱，是这个生产方式的绝对规律"③。这种行为造成了生产能力和消费欲望的无限扩张，破坏了人与自然之间

---

① 刘书越等：《环境友好论：人与自然关系的马克思主义解读》，河北人民出版社2009年版，第158页。

② 《马克思恩格斯文集》第1卷，人民出版社1995年版，第161—162页。

③ 《马克思恩格斯全集》第23卷，人民出版社1972年版，第679页。

的物质变换平衡。基于此，在他们的诸多著作中，不仅揭示了资本主义经济社会的本质和发展规律，揭示了资本主义市场经济如何激化和体现资本主义的基本矛盾，而且进一步批判了资本主义基本矛盾如何强化市场经济的固有缺陷，得出了资本主义制度是生态环境问题产生根源的结论。

最后，论述了社会制度变革的必然性。要解决人与自然之间的矛盾，必须正确认识到生态环境问题既是人与自然的关系问题，也是人与人的关系问题，与社会制度有着密切联系，需要在建立和完善社会主义市场经济体制的过程中。因此，应该充分利用社会主义制度的优势，通过有效的经济、社会、政府调控手段，抑制市场的竞争趋利机制可能带来的生产与消费之间的矛盾，在进一步提高社会生产力的同时，转变生产方式和消费方式，促进人与自然的和谐发展，使市场经济成为实现社会主义发展目标的有效手段之一。

总之，马克思恩格斯对于生态危机的制度根源分析，不仅指出了资本主义社会在解决生态环境问题上的制度缺陷，而且为我国充分发挥社会主义制度优势提供了有益借鉴，为新时代中国特色社会主义生态文明思想奠定了思想基础。

（三）生态文明的价值取向论

面对资本主义制度下不可避免的生态环境问题，马克思恩格斯认为，资本主义私有制导致人与自然的对立，使两者的关系以异化的形式表现出来。要克服这种异化和对立，实现人与自然和谐相处，就必须推翻资本主义这种不合理的社会制度，建立一种理想的社会制度，即共产主义制度。

首先，实现共产主义。马克思恩格斯认为，生态环境问题实质上是社会问题。因此，要想解决人与自然之间的矛盾，必须用社会化的思路。正如马克思恩格斯在《共产党宣言》中所指出的，要通过消除私有制和消除阶级剥削压迫，"瓦解一切私人利益"，建立起"较高级的经济社会形态"，实现人类最高奋斗目标即未来共产主义社会。而所谓"较高级的经济社会形态"，指的就是实现社会主义或者共产主义社会，从而实现人自由而全面的发展。

其次，追求人的自由全面发展。马克思主义理论的最终价值追求就是实现人的自由全面发展。在思考生态环境问题时，马克思恩格斯认为，人的自由全面发展包括人的活动、社会关系、价值尺度等维度的全面发展。因此，必须要将人、自然、社会的全面解放统一起来，"使人的世界即各种关系回归于人自身"①。这里所说的"人的解放"，就是试图通过消除人的自我异化，理性调节人与自然、人与社会之间的关系，实现对人的本质的真正占有，最终成为自由全面发展的人，这是马克思恩格斯生态文明理论的最终价值目标。

总之，马克思恩格斯的生态文明观始终是与其对资本主义社会的现实批判和对资本主义本质、发展规律的揭示相联系的，在解决人与自然的矛盾、克服人类生存困境、化解生态危机的基础上，提出实现人与自然"和解"的理论和方案。他们对人与自然关系的科学认识，为正确认识生态文明的本质以及新时代中国特色社会主义生态文明思想的确立奠定了理论基础。

二、思想发端：中国共产党执政 以来的生态文明建设理念

"一切划时代的体系的真正内容都是由产生这些体系的那个时期的需要而形成起来的。所有这些体系都是以本国过去的整个发展为基础的。"②坚持"不忘本来"，不仅是中国共产党人观察和分析问题的重要思想方法和工作方法，也体现了新时代中国特色社会主义生态文明思想形成发展的基本逻辑。在我国生态文明建设的演进历程中，中国共产党长期立足于中国革命、建设和改革的实践，始终重视经济发展和生态环境保护，从"绿化祖国"的生态理念、确立环境保护基本国策到推行可持续发展，再到提出科学发展观，形成了一整套关于中国生态环境保护的科学理论。这一理论体系作为一种执政理念和实践形态，一脉相承、与时俱进，为新时代中国特色社会主义生态文明思想

---

① 《马克思恩格斯文集》第 1 卷，人民出版社 2009 年版，第 46 页。
② 《马克思恩格斯全集》第 3 卷，人民出版社 1960 年版，第 544 页。

的形成提供了重要的历史借鉴。有鉴于此，本章主要从思想史的历史发展维度，对中国共产党在不同时期提出的生态文明理论进行历史性、前提性追溯，这对进一步揭示人与自然关系的本质规律具有积极的指导价值，主要包括生态节约理念、生态协调发展理论、可持续发展观以及科学发展观。

（一）生态节约理念

新时代中国特色社会主义生态文明思想的形成和发展，需要一定的社会和历史条件作基奠。从 1840 年鸦片战争到 1949 年新中国成立，中国历经了 100 多年的战乱，给生态环境带来了难以修复的创伤。新中国成立后，我国政治条件和社会环境虽发生了根本性转变，但长期以来军阀割据、战乱频繁、自然灾害频发等造成的生态环境问题依然存在。为此，以毛泽东同志为主要代表的中国共产党人先后提出了一系列保护环境的重要举措。这些保护生态环境的理性思考和生态实践，反映出朴素的绿色情怀，不仅对当时生态环境保护起到了重要作用，而且为新时代中国特色社会主义生态文明思想的形成提供了宝贵经验和理论准备。

其一，把水利工程建设看作生态环境保护的重要内容。针对我国水资源分布不均、水灾旱灾频繁发生的现实状况，以毛泽东同志为主要代表的中国共产党人把水利工程建设看作生态环境保护的重要内容，并明确指出"水利是农业的命脉，我们也应予以极大的注意"[①]。这一具有深刻内涵的论断为当时生态环境保护奠定了理论基础和实践指引。随后，我国修建了第一座大型水库——官厅水库，发挥了巨大的防洪效益；修建了三门峡水库、葛洲坝水利枢纽工程等，为抵御自然灾害提供了重要保障，也为当今生态环境治理提供了重要的历史借鉴。这一做法和举措与目前我们对长江经济带发展、黄河流域治理等重要生态功能区的全面保护具有内在一致性。

其二，把植树造林看作美化环境的有效措施。新中国成立后，党和国家十分重视植树造林工作，先后发出了"绿化祖国""实行大地园林化""美化全

---

① 《毛泽东选集》第一卷，人民出版社 1991 年版，第 132 页。

中国"等逐层递进的生态保护号召，并把这项工作制度化。具体来讲，1956年，毛泽东发出了"绿化祖国"的号召，并对荒山和村庄的绿化进行规划，要求"在十二年内，基本上消灭荒地荒山，即在一切可能的地方，均要按规格种起树来，实行绿化"。1958年，毛泽东主张要在绿色的基础上实现"好像一个个花园一样"的大地园林化目标，并多次谈到集"种农作物、种花草、种树造林"于一体的"三三制"设想，"使乡村就像花园一样"。随后，又进一步提出了"美化全中国"的口号，并作出了"逐渐美化我国人民劳动、工作、学习和生活的环境"的论述，可以说是他对保护环境的长远构想。上述这些理念和措施包含着保护和改善自然环境的重要内容，为林业建设指明了方向。

其三，把勤俭节约、开发利用再生能源看作保护生态环境的重要路径。勤俭节约的理念始终贯穿于毛泽东革命斗争和生态保护的实践之中。一方面，他提出了勤俭节约的理念。毛泽东曾明确提出，"要使我国富强起来，需要几十年艰苦奋斗的时间，其中包括执行厉行节约、反对浪费这样一个勤俭建国的方针"[1]，并把它作为我国社会主义现代化建设的重要指导思想。在这一思想原则的指引下，新中国在极端困难的条件下取得了包括"两弹一星"在内的重大建设成就，建立起了比较完整的工业体系，不仅助推了经济发展，而且对于推进生态文明建设也具有积极的促进作用。另一方面，毛泽东还积极主张开发利用再生能源。诸如在农村地区开发应用沼气资源，使风能、水电、太阳能等可再生能源得到了一定程度的发展。这些新能源的使用解决了资源紧缺的难题，缓解了人与自然之间的矛盾，在一定程度上改善了当时的生态环境。

值得一提的是，这一阶段中国共产党在总结中华人民共和国成立以来生态环境问题的基础上，于1973年制定了《关于保护和改善环境的若干规定》（试行草案），自此之后，从中央到地方都陆续成立了环境保护机构，标志着环境保护被正式纳入政府工作。

---

[1]《毛泽东文集》第七卷，人民出版社1999年版，第240页。

总之，这一时期以毛泽东同志为主要代表的中国共产党人在生态环境保护实践的基础上，虽然关于生态文明建设还只落实于具体的项目层面，未形成独立的生态文明思想体系，但不论是其理论思考还是具体实践，都对新时代中国特色社会主义生态文明思想的形成具有正反两方面的启示。一方面，开启了马克思主义生态文明思想中国化的历史进程，将生态文明建设逐步推向了正确方向，为这一思想的形成提供了坚实的历史基础；另一方面，探索过程总结的经验教训，为当前生态文明建设提供了借鉴启示。

（二）生态协调发展理论

改革开放初期，在全党和全国工作中心转移到经济建设上来的同时，生态环境问题不容乐观，水灾旱灾频繁、森林面积不断缩小、生物物种逐渐减少。为尽快改善生态环境状况，以邓小平同志为主要代表的中国共产党人对协调人口、资源与环境，法治化建设等进行了一系列的深刻论述，尤其是谈到了要从政策法规的制定执行层面保护生态环境，不仅有效解决了当时的生态环境问题，而且为当前的生态文明建设提供了宝贵的实践经验，实现了从"经济增长"向"可持续发展"范式的转换。这些理念与实践使中国进入生态文明建设的开拓阶段。

其一，将环境保护确立为我国的一项基本国策。1978 至 1992 年改革开放初期，经济发展与生态破坏矛盾不断加重，总体呈现出"局部有所控制，总体还在恶化，前景令人担忧"的局面。针对这一现实国情，在 1983 年召开的第二次全国环境保护会议上，以邓小平同志为主要代表的中国共产党人总结了以往我国生态环境保护工作的经验教训，从战略层面将环境保护确立为我国的一项基本国策。可以看出，这一战略决策是国家意识层面的重大突破，标志着环境保护从国家发展全局边缘地位提升至重要地位。随后，在 1989 年的第三次全国环境保护会议上，初步形成了一套规范的环境保护政策体系，逐步实现了由口头号召向制度规范的转变。总之，环境保护基本国策的确立是新时代中国特色社会主义生态文明思想得以形成的生长点，为我国环境保护制度化奠定了理论基础。

其二，合理开发和利用资源。面对生态破坏的严峻形势，邓小平特别强调，必须要把经济发展同节约资源、保护环境统一起来，从而实现经济社会的可持续发展。在《今后的主要任务是搞建设》中，他进一步强调："要提倡因陋就简，经济节约，艰苦奋斗。"①这种节约资源、杜绝浪费的观念实际上也包含了诸多保护生态环境的合理成分。同时，邓小平十分注重能源消费方式的转变，并多次指出"科学技术是第一生产力"②，提倡要利用科学技术发展新能源和可再生能源，积极促进绿色技术的推广与普及，实现人口、资源与环境的协调发展。事实证明，这些开发与节约并重的观念与举措，对于当前合理利用资源、推进生态文明建设仍具有重要的指导作用和现实意义。

其三，加强环境保护的法治建设。完善的法律制度是实施生态环境保护的前提。以邓小平同志为主要代表的中国共产党人在探索生态文明建设实践过程中，身体力行、以身作则，着力推进生态环境保护法治化进程，开始从多个方面着手制定多层次、多方位的法律、制度、机制，为社会主义生态文明建设有序推进提供了重要保障。1978年12月13日，邓小平在《解放思想，实事求是，团结一致向前看》的讲话中，明确提出了制定环境保护法的建议。1979年9月《中华人民共和国环境保护法（试行）》发布实施，这是第一部关于环境保护的综合性法律，标志着我国的环境保护事业开始从人治走向法治，进入一个环保新阶段。除此之外，一系列涉及水、海洋、大气、土地、森林等环境保护的单行法规陆续颁布，不仅赋予了社会主义建设新的活力，充分发挥了法律制度安排对生态文明制度建设的引领和规范作用，而且也为生态文明建设提供了内在动力和实践经验。

总之，这一时期以邓小平同志为主要代表的中国共产党人对环境保护工作给予了高度重视，提出了许多有益的见解。在理论上，进一步发展了毛泽东的生态节约理念，实现了中国化马克思主义生态理论的与时俱进，为后期共

---

① 《邓小平文选》第一卷，人民出版社1994年版，第266页。
② 《邓小平文选》第三卷，人民出版社1993年版，第274页。

产党人进一步探索生态文明建设奠定了理论基础，为马克思主义生态观的一脉相承和接续发展作出了重要贡献；在实践上，邓小平立足社会主义初级阶段的基本国情，逐步提出并形成中国特色社会主义法律体系，为生态文明建设提供了制度保障，对走可持续发展之路具有重要的实践指导作用。

（三）可持续发展观

党的十三届四中全会以来，以江泽民同志为主要代表的中国共产党人，科学总结党成立以来的历史经验，在发展经济的同时，非常重视人口、资源与环境的协调发展，大量讲话和报告中都体现出可持续发展理念，反映了当代中国发展变化对党和国家的新要求，为新时代中国特色社会主义生态文明思想的形成提供了实践基础。

其一，明确提出可持续发展观。发展观是一定时期经济社会需求在思想观念层面的反映，并随着经济社会的发展不断丰富完善。20 世纪 90 年代到 21 世纪中叶，随着我国现代化建设"三步走"战略目标的逐步推进，资源环境压力也进一步加大，成为我国亟待解决的重大问题。面对这一发展难题，以江泽民同志为主要代表的中国共产党人积极主动选择并创新了可持续发展理念，对人口、资源与环境的现代化发展进行了总体部署。具体来讲，从 1993 年中国 21 世纪国际研讨会上宣布我国实施可持续发展战略的构想，到 1995 年"把实现可持续发展作为一个重大战略"[①]，到 1996 年第四次全国环境保护会议进一步深化了对可持续发展的认识，到 1997 年党的十五大报告明确将可持续发展作为经济发展战略的一部分，再到 2002 年党的十六大报告正式将可持续发展战略纳入全面建设小康社会的目标之中。至此，我国将经济发展和环境保护置于更为具体的战略框架之中，深刻回答了"什么是发展、怎样发展"的理论问题，生态环境保护进入了规模化治理阶段。[②]

其二，正确处理经济发展与资源环境之间的关系。实现经济发展与资源环境的良性互动是当前最重要的发展目标和行动准则。具体来讲，一方面，

---

① 中共中央文献研究室编：《十四大以来重要文献选编》中，人民出版社 1997 年版，第 1463 页。
② 任铃、张云飞：《改革开放 40 年的中国生态文明建设》，中共党史出版社 2018 年版，第 34 页。

要正确处理人与水之间的生态关系。水资源是我国经济社会发展的先决条件，被认为是最重要的战略资源。面对我国水资源短缺、水环境恶化的突出问题，江泽民指出，必须进一步提高对水的问题的认识，建立合理的水资源管理体制，发展节水型产业，建立节水型社会，不断保护水资源、开发水资源、平衡水资源，构建人与水的和谐共生关系。另一方面，正确处理资源与人口之间的关系。针对人口、资源、环境之间的突出矛盾，江泽民提出人口与发展综合决策的建议，并把这一工作纳入经济和社会发展总体规划，制定了完善的配套政策，促进人口与经济、社会、资源、环境的协调发展。以上关于生态文明建设的发展理念和举措，为解决我国环境恶化、资源短缺等生态危机提供了新思路，体现了共产党领导集体的高度生态自觉。

其三，坚持统筹兼顾、协调发展。统筹兼顾、协调发展始终是经济发展和环境保护的重要原则和方法论之一，也是以江泽民同志为主要代表的中国共产党人长期倡导的生态治理准则。这一时期关于这一准则的论述和举措主要有：一方面，坚持统筹兼顾。江泽民指出，在推进生态环境保护过程中，必须做到统筹兼顾。这一科学方法要求我们，在生态文明建设领域，既要总揽全局、统筹规划，又要抓住突出生态问题，着力推进、重点突破。这一方法不仅关注了生态环境问题的系统性和整体性，而且统筹考虑了中国特色社会主义事业的系统性和整体性。这种全面考虑问题、平衡各项工作关系的观点是江泽民推进生态文明建设的重要体现。另一方面，坚持协调发展。协调发展是江泽民推进生态文明建设最重要的理念之一，在党的十六大上，他指出要将"促进人与自然的和谐"①作为全面建设小康社会的目标之一。这表明在面临经济发展和环境保护巨大压力的实现状况下，我国已经对生态环境保护有了长远的思考。

总之，以江泽民同志为主要代表的中国共产党人，在坚持马克思列宁主义、毛泽东思想、邓小平理论的基础上，科学总结了党成立以来的生态文明建设经验。他们提出的可持续发展观逐渐深化了党对生态环境问题的认识，

---

① 《江泽民文选》第三卷，人民出版社 2006 年版，第 544 页。

经历了一个由浅入深、由单一层面到系统层面的过程，系统阐述了生态环境保护的重要意义，第一次把生态环境保护提升到可持续发展的高度，开拓了生态保护的理论视野。上述理论与实践，为党在 21 世纪进一步推进生态文明建设指明了前进方向，同时也为新时代中国特色社会主义生态文明思想的形成提供了一定的理论源泉和历史基础。

（四）科学发展观

要发展必须思考怎样发展，这是一个问题的两个方面。[①] 同理，在发展中遇到的问题，要在发展中解决。生态环境保护问题的核心，实际上是生态环境保护与经济发展之间能否并行的问题。可持续发展观简要回答了这个问题，但面对全球性的生态环境问题和国内生态环境保护遇到的新情况新挑战，可持续发展观在某些方面还有待完善。[②] 有鉴于此，党的十六大以来，以胡锦涛同志为主要代表的中国共产党人，进一步对生态文明建设进行了探索和实践，将生态文明提升到更高的战略层面，使中国特色社会主义生态文明建设得到了进一步丰富和发展。

其一，提出了科学发展观。面对 21 世纪新阶段历史起点上出现的新问题新矛盾新挑战，2003 年 10 月在党的十六届三中全会上，以胡锦涛同志为主要代表的中国共产党人，提出了"以人为本，全面、协调、可持续发展，统筹人与自然关系"为核心的科学发展观。作为中国特色社会主义理论的最新成果，这一发展观不仅成为统领人口经济资源环境可持续发展的指导思想，而且成为生态文明建设的指导思想。其中，这一发展观的第一要义是发展，这里的发展指的是可持续发展，即实现经济社会自然的协调统一发展。生态文明建设同样需要遵循这一要求；本质和核心是以人为本，把保障和改善民生作为可持续发展的核心要求，把人的平等、人的基本权利的实现作为可持续

---

① 田克勤、李婧、张泽强：《马克思主义中国化研究学科基本理论与方法》，中国人民大学出版社 2017 年版，第 238 页。

② 刘希刚、徐民华：《马克思主义生态文明思想及其历史发展研究》，人民出版社 2017 年版，第 249 页。

发展的重要内涵；基本要求是全面协调可持续，实现人的全面发展和社会的全面进步。总之，科学发展观使生态文明建设从一般性的环境保护思想上升到了科学发展的战略高度，实现了人类文明观念的创造性提升。

其二，提出建设资源节约型和环境友好型社会。作为我国经济发展的战略任务，资源节约型和环境友好型"两型社会"的提出酝酿已久。2005 年 3 月，在中央人口资源环境座谈会上，胡锦涛首次提出努力建设资源节约型、环境友好型社会的号召。在同年 10 月召开的党的十六届五中全会，明确提出了"建设资源节约型、环境友好型社会"，并将之确定为国民经济与社会发展中长期规划的一项战略任务。2006 年 2 月，胡锦涛在省部级主要领导干部建设社会主义新农村专题研讨班上的讲话中，将"建设资源节约型、环境友好型社会"作为实现人与自然和谐发展的具体要求。可以看出，"两型社会"是基于当时中国"人口众多、资源相对不足、环境承载能力较弱"这一基本国情提出的，体现了对人与自然和谐发展规律和生态现代化模式的创造性运用和创新性发展，在一定程度上是对可持续发展观的一种升华、创新，表明中国共产党人进一步坚持和发展了中国特色社会主义。

其三，提出建设生态文明的战略决策和奋斗目标。随着生态环境问题日益成为人类普遍关注的时代课题，早在 2005 年 3 月的中央人口资源环境座谈会上，胡锦涛就已经开始使用"生态文明"这一概念。直到 2007 年 10 月，胡锦涛在党的十七大报告中，首次提出了"建设生态文明"的战略目标，并将建设资源节约型、环境友好型社会写入党章。由此可以说，建设生态文明战略决策和奋斗目标的提出和确立，是在科学发展观指导下，按照人与自然和谐发展的辩证思维提出的重大创新成果，彰显了我党保护生态环境的强烈愿望，标志着我国正式开始了生态文明建设新征程，为新时代中国特色社会主义生态文明思想的成熟完善提供了良好前提。

概言之，胡锦涛的生态文明理念是立足中国社会主义初级阶段的基本国情，面对我国人口资源环境矛盾和日渐严峻的生态发展态势而形成的科学理论成果。这些系统的科学理论，不仅为推进生态文明建设提供了重要指导和理论保障，也为进一步促进人与自然和谐发展提供了切实可行的方案和思路，标志着我国生态文明建设进入纵深发展阶段。

综上，纵观新时代中国特色社会主义生态文明思想提出之前的生态文明理论，可以发现，我们党对于生态环境保护的认识与实践经历了一个逐步深入、由点到面、与时俱进的发展过程。新时代中国特色社会主义生态文明思想中包含的环境生产力理论、山水林田湖草"生命共同体"、"全球生态治理"等科学论断，正是借鉴创新了历届中国共产党人的绿色发展理念、生态协调发展理论、可持续发展观与科学发展观等生态理念等。这一继承与发展既体现出对历届中国共产党人生态思想内涵的继承，呈现出新时代赋予的创新特点和独特风格。

三、文化根基：中国优秀传统生态文化

生态环境是人类赖以生存和发展的基础。中国传统生态文化中包含的天人合一的自然观、道法自然的实践观、绿水青山的财富观、取用有度的生产观、系统整体的治理观等，是中华优秀传统生态文化的核心观念，是中华民族对于世界文明的重大贡献，构成了新时代中国特色社会主义生态文明思想的文化本源。其中以儒、道、佛三家的生态文化最为丰富和精辟。虽然三家的生态思想从各自学说基础上进行论述，但"人与自然和谐相处"的价值观念始终贯穿于各家思想之中，这些差异与共性成为新时代中国特色社会主义生态文明思想传承与创新的重要素材。有鉴于此，本章以具有代表性和典型性的儒家文化、道家文化、佛家文化为主要观照对象，研究其蕴含的生态智慧以及在当代的实践启示，使中华民族最基本的文化基因与生态文明思想相协调、相适应，以期丰富和拓展当代生态文明建设的理论成果与学术内涵，为这一思想的形成提供宝贵的思想来源。

（一）儒家"天人合一"的生态文明观

儒家的生态思想，特别是以"天人合一"为核心的自然观，是中国传统

文化中的主要内容之一。中国历史学家钱穆在 1990 年人生最后的一篇口授文章《论天人合一》中，表达了他的最终信念："天人合一"观是整个中国传统文化思想之归宿，也是中国传统文化对人类最大的贡献。国学大师季羡林也曾这样评价："这个代表中国古代哲学主要基调的思想，是一个非常伟大的、含义异常深远的思想。"① 由此可见，蕴含着生态理念的儒家文化，在传统文化的现代转换过程中显现出日益重要的思想意义和文化价值，对于新时代中国特色社会主义生态文明思想具有重要的理论借鉴意义。

一方面，儒家的"天人合一"思想内涵丰富。"天人合一"是儒家关于人与自然关系的最基本思想，内涵丰富。汉儒董仲舒说："天人之际，合而为一。"季羡林对其解释为："天，就是大自然；人，就是人类；合，就是互相理解，结成友谊。"换言之，所谓"天人合一"，其本质是"天"与"人"要形成一个一致、一体、协调的完整系统，人与自然之间是"你中有我、我中有你"不可分割的关系，人与自然并非二元对立，而是一元统一的。② 这一生态思想注重人与自然之间的关系，主张在人类社会历史发展进程中，要严格按照自然规律，自觉协调人与自然的关系，从而实现人类文明的全面协调可持续发展。简言之，这一思想是"一个集中体现中国哲学与文化传统之基本精神的重要范畴与命题，包含着人际关系和谐、社会发展有序的生态智慧"。③

另一方面，儒家思想蕴含着丰富的生态智慧。其一，"万物一体"。儒家文化强调人是自然的一部分，强调万物一体的整体性理念。《易传》称天、地、人为"三才"，将天人协调视为理想境界。孔子传承这一"三才"思想，认为人之于自然并非被动消极的，而是可以通过自我调适来契合天地之道，即"人知天"。同时主张"天命论"，认为"天命"不可违抗，自然主义地对待"天"的运行，提出"天何言哉？四时行焉，百物生焉"，这一论述表明人与大自然是一个不可分割的整体。荀子在这一理论基础上，进一步提出"天

---

① 季羡林：《"天人合一"新解》，《传统文化与现代化》1993 年第 1 期。
② 武晓立：《我国传统文化中的生态智慧》，《人民论坛》2018 年第 25 期。
③ 陈金清：《生态文明理论与实践研究》，人民出版社 2016 年版，第 93 页。

行有常，不为尧存，不为桀亡"①，表达出自然规律客观性的观点。其二，"仁民爱物"。孟子十分注重弘扬"仁爱"精神，重视生态保护，并将"仁爱"由"亲亲"扩展到天地万物，强调"君子之于物也，爱之而弗仁；于民也，仁之而弗亲。亲亲而仁民，仁民而爱物"②。这一论断，明确了生态道德与人际道德的统一关系——从亲亲到仁民，从仁民到爱物，充分体现了"仁爱"广泛的精神内涵，这是对儒家"天人合一"思想的进一步诠释。

（二）道家"道法自然"的生态文明观

与儒家文化一样，道家文化作为中国传统文化的重要组成部分，其蕴含的生态思想也十分突出，对当今处理人与自然矛盾有着重大的启发意义。

其一，生态自然观。"万物一体，道法自然"，这是道家生态观的核心思想和根本规律。其中，"道"是世间万物的本源和发展动力。道家代表人物老子曾指出，"昔之得一者，天得一以清……万物得一以生"。万物皆由道而生，天、地、人都源于道，"道生一，一生二，二生三，三生万物。万物负阴而抱阳，冲气以为和"。在自然生态领域，"一"是指混沌一体的宇宙，即自然的起源；"二"是指宇宙分为阴阳两部分；"三"是指阴、阳、和；"三生万物"则是通过阴阳的对立统一，形成天地万物。这一观点明确表达了道家对人与自然平等关系的看法，主张自然界有其自身发展的内在规律，人作为自然界的一部分，应该尊重自然，严格按照自然规律办事，如果违反自然规律，就会受到自然的惩罚。这些思想观点，奠定了道家几千年来生存智慧的基础，对于当前生态文明建设具有重要的借鉴作用。

其二，生态伦理观。"道生万物、遵道贵德"。道家学说认为，人与其他生命形式的本源都是"道"，"道德"是自然界的产物，人类需要遵守道德规范，做到知足，崇尚节俭、懂得满足，才符合自然规律；不知足，过度追求物质欲望的满足，人与自然就会发生矛盾。因此，道家反对人对自然毫无节

---

① 《荀子》，安小兰译注，中华书局 2016 年版，第 176 页。
② 《孟子》，方勇译注，中华书局 2017 年版，第 196 页。

制地掠夺、开发，要求人们合理地利用自然资源。在此基础上，庄子认为，人与自然的不同功能和作用决定了要客观公正地看待自然，并积极顺应自然、尊重自然。正如他所言，"牛马四足，是谓天；落马首，穿牛鼻，是谓人。故曰'无以人灭天，无以故灭命'无以得殉名。谨守而不失，是谓反其真"。要按照"道"的性质对待自然与社会，始终注重人与自然的和谐、人与社会的和谐以及人与人的和谐，并把消解一切文明包括技术对人性的侵害作为和谐社会的前提，希望人回归到自然人的本真状态，体现了以人为本的价值取向。[①] 这一观点与新时代中国特色社会主义生态文明思想中以人民为中心的建设目标是一脉相承的。

其三，生态价值观。在处理人与自然的关系上，自然无为的价值态度是道家生态思想的一个重要方面。这里的"自然无为"并不是消极的不作为，而是指人类不应该改变大自然的演变规律，而是要在尊重自然规律的基础上，有限度地利用自然，按照天地万物的自然本性采取行动，时刻遵循"自然无为"的原则，才能"无为而无不为"。同时，道家还主张"寡欲节用"。道家认为，"圣人去甚，去奢，去泰"，"始制有名，名亦既有，夫亦将知止，知止可以不殆"。这些论述要求人们对自然的开发利用必须适可而止，舍弃种种极端的、奢侈的、过分的行为，唯有此，才能减少对资源的滥用，实现人与自然的和谐。从这个意义上来讲，道家文化中蕴含的生态智慧，对于当代社会处理人与自然之间的关系有着重要启示意义，构成了新时代中国特色社会主义生态文明思想形成的重要文化背景。

（三）佛家"和谐平等"的生态文明观

作为中国传统文化中的重要组成部分，佛家把世界万事万物看成是一个统一整体，认为人类对自然既要合理利用，又要积极保护，从而实现人与自然的和谐相处。在此基础上，佛家提出了一系列关于生态和谐观、生态价值观和生态实践观的观点，虽带有朴素的直观性质，但也彰显了人类对生命和

[①]　陈金清：《生态文明理论与实践研究》，人民出版社 2016 年版，第 109 页。

生活的感悟，对于当今保护环境、建设美丽中国具有重要的借鉴意义，也构成了新时代中国特色社会主义生态文明思想的重要理论来源。

一方面，众生平等的生态伦理观。佛教中的众生平等思想是推进生态文明建设的重要动力。佛教向来主张众生平等，正如《大乘玄论》中所言："不但众生有佛性，草木亦有佛性""若众生成佛时，一切草木亦得成佛"。由此可见，佛教认为，人与自然界并非独立的存在，而是相互影响、密不可分的整体，不仅强调人与人之间应该平等相处，而且世间万物诸如人与动物、植物之间也应该和谐平等。进一步说，宇宙间的万事万物都是相互依存、相互联系的，人类不能离开大自然单独存在，因此，营造良好的生态环境，其目的和意义都是为了人类自身。

另一方面，慈悲为怀的生态实践观。慈悲是佛教的基本精神，"慈"指的是慈爱众生并给予快乐（予乐）；"悲"指的是同感其苦，怜悯众生，并拔除其苦（拔苦），这种对一切人都愿意予乐拔苦的精神便是慈悲。正如《妙法莲华经》中提到："大慈大悲，常无懈倦，恒做善事，利益一切"，既要救其死，又要护其生，这种"放生"的慈悲精神对于维护生态平衡具有很强的现实指导意义。在"大慈大悲"的基础上，佛教进一步将"无缘大慈，同体大悲"作为慈悲的最高境界。其中，所谓"无缘"，就是众生不论亲疏、爱憎，菩萨都是不愿舍弃的；所谓"同体"，就是将众生当作自身的一部分，融为一体。总之，这一思想告诫人们，要保护包括动物和植物在内的一切"众生"，人类善待自然，自然就会回报人类；人类破坏自然，自然便会与人类对立。同理，人与人的关系也是如此，因此，环境保护的根源在于人类本身，人与人之间的和谐也在于人类本身。

从上述观点可以看出，中国传统文化中蕴含的儒释道生态智慧，从不同视角对生态问题给予了阐述。其中，儒家思想作为封建社会的主流意识形态对新时代中国特色社会主义生态文明思想的形成与发展产生了重要影响；道家则重点论述了"顺应自然"的无为思想，力求人与万物的统一和谐；佛教则主要从"众生平等"的精神层面阐述了人与自然的和谐关系，要求自我净化心灵并善待生物。可以说，这些蕴含深刻生态智慧的文化，虽产生于遥远的古代，却具有跨越时代的历史价值，不仅为生态文明建设提供了道德价值层面的理论支撑，更是渗透到当前中国共产党治国理政的实践中，成为新时代中国特色社会主义生态文明思想的重要文化来源。我们要自觉深入挖掘传统文化中的生态智慧价值，将其同生态文明建设的具体部署精准对接，更好地指导美丽中国建设。

四、国际借鉴：西方生态理论的合理成分

第一次工业革命以后，随着科学技术的发展和社会生产力的提高，人类改造自然的负面影响也逐渐凸显，到 20 世纪中叶，这种负面影响已经发展成为全球性的生态危机，严重威胁着人类的生存和发展。在这种时代背景下，很多具有人文关怀和社会责任担当的西方学者开始反思人与自然的关系，尝试挖掘生态危机产生的根源，在这一过程中，西方生态理论开始孕育、发展和成熟。西方生态理论流派纷呈，主张各异，本章主要选取西方生态马克思主义、非人类中心主义、生态现代化理论等具有代表性的理论派别予以介绍。这些重要的生态理论，对于推动建设中国特色社会主义生态文明具有重要价值，为新时代中国特色社会主义生态文明思想的形成提供了一定的借鉴。

（一）生态马克思主义

生态马克思主义是 20 世纪西方马克思主义发展的最新流派之一，从理论基点与思想渊源上看，生态马克思主义是将马克思主义的自然观、西方马克思主义的生态危机与生态学、系统论的学术成果等整合在一起，编制构建了一套完整的理论体系。[①] 其主要代表人物有美国生物学教授阿格尔，他首次提出了"生态马克思主义"。除此之外，威廉·莱易斯、詹姆斯·奥康纳、约翰·贝拉米·福斯特以及戴维·佩珀等，都为生态马克思主义作出了贡献。

[①]　刘希刚、徐民华：《马克思主义生态文明思想及其历史发展研究》，人民出版社 2017 年版，第 167 页。

其一，关于生态危机的根源。生态马克思主义在研究人类社会面临的环境问题、生态问题时，把资本主义社会科技、观念形态和资本主义制度等问题作为切入点，探讨导致生态危机的原因。具体来讲，一是把科学技术作为生态危机的根源。早在 20 世纪中期，法兰克福学派的学者就认为，科学技术的迅速发展是造成生态环境破坏的主要根源。二是将"控制自然"的观念作为生态危机的根源。如生态马克思主义理论代表人物莱易斯和阿格尔认为，"控制自然"的观念是资本主义社会最基本的意识形态，强调造成生态危机的根源在于对自然进行控制的主体意识形态。三是把资本主义制度作为当代生态危机的根源。如戴维·佩珀、约翰·贝拉米·福斯特、詹姆斯·奥康纳等生态马克思主义的代表人物从不同角度批判了资本主义生产方式及异化消费，认为资产阶级为了维护自身利益，通过虚假广告等手段引导消费者购买更多的产品，从而造成了生产和消费的过度膨胀、资源的大量消耗以及生态环境的恶化。

其二，关于生态危机的解决途径。同生态危机的产生一样，生态危机的解决途径也是西方生态马克思主义学派最关注的理论主题，且不同的代表人物在论述时侧重点不同。如莱易斯提出，要通过采用"稳态经济"来代替现行的资本主义经济，缩减资本主义的生产能力，扩大资本主义国家的调节作用，最终创立一个"较易于生存的社会"。福斯特提出了"以人为本"的思路，他认为，资本主义的发展是非正义的，因此要改变资本主义生产的目的和结构，将生产力和经济的增长用于实现人与人、人与自然之间的和谐相处。佩珀进一步阐释了"以人为本"的价值观，认为这是一种理性的人类中心主义。此外，生态马克思主义者还提出，要通过变革资本主义的生产关系破解生态危机，试图将生态运动推向激进的社会运动，实现资本主义社会结构的变革。

其三，关于未来社会的基本构想。生态马克思主义者认为，生产力的高度发达和生产技术的广泛应用是造成生态危机的重要原因。因此，他们把实现共产主义作为生态社会主义的未来构想，并进一步提出，要通过经济、政治、文化等层面的变革实现共产主义。具体来讲，在经济方面，经济增长应当根据环境和人的需求而变化，主张建立一种与市场、与计划相结合的"稳态经济"模式；在政治方面，认为仅仅依靠人民群众和基层组织解决生态危机是不现实的，承认政治手段是破解生态危机的主要途径；在文化方面，坚持人与自然和谐相处的观点，倡导一种新型的文化观，试图建立一个公正、可持续发展的生态社会主义社会。[1]

以上是生态马克思主义生态观的主要内容。整体来说，该理论坚持了人与自然之间内在联系的观点，赋予了马克思主义社会历史观新的内涵。同时，指出了资本主义制度以及在该制度下所实行的生产方式才是当代生态危机的根源所在，明确了最终解决生态危机的途径在于社会制度、生产方式以及道德观念的变革，并指明了建立生态社会主义的道路。但不容忽视的是，生态社会主义也存有一些理论弊端，诸如，它没有从实践唯物主义的整体性立场考虑生态问题；片面夸大了生态危机在整个人类历史发展过程中的作用和地位；理想化的"稳态经济"模式与当时生产社会化的历史发展趋势相冲突，对未来社会的构想具有太多空想成分等。因此，我们要去其糟粕，取其精华，吸收借鉴其中的合理成分，为当今社会主义生态文明建设和新时代中国特色社会主义生态文明思想的形成提供了一定的理论支撑。

（二）非人类中心主义

生态伦理学作为一种关于人与自然关系的研究学说，形成于 20 世纪 20 年代至 40 年代末，成熟于 20 世纪 70 年代，是西方具有较大影响力的一种理论体系。在生态伦理学中，存在着人类中心主义、非人类中心主义两大派别。其中，非人类中心主义对人类中心主义持批判的态度，认为人类应该超越人类中心主义，建立以自然生态为核心的伦理价值体系。随着社会经济的不断发展，这一流派逐渐成为西方生态伦理思想的主流，其代表派别主要有以辛格、雷根为代表的动物解放论，以泰勒、施韦兹为代表的生物中心论和以利奥波德、罗尔斯顿为代表的生态中心论。

其一，动物解放论。这一流派主张人类应该尊重动物的生存和发展，

---

[1] 董强：《马克思主义生态观研究》，人民出版社 2015 年版，第 124—130 页。

给予动物平等的权利，代表人物是澳大利亚哲学家辛格。他在 1975 年出版的《动物解放：我们对待动物的一种新伦理学》一书中指出："动物不是为我们而存在的，它们拥有属于它们自己的生命和价值。"[①] 这一观点表明，人与动物是平等的，人类应该把平等的原则推行到动物身上，同等地关心每一个存在物的感受和利益。雷根在 1986 年的《动物权利案例》一书中认为，动物也具有和人一样获得尊重的平等权利，应该以尊重天赋价值的方式来对待它们。

其二，生物中心论。该流派把道德关怀的范围扩大到所有生命，认为有机体有其自身的"善"，主张把道德对象的范围扩展到人以外的所有生物，主要代表人物有施韦兹和泰勒。施韦兹作为生物中心论的创始人，1923 年在其代表作《文明与伦理》中，首先提出了"敬畏生命"的伦理观点，他认为，伦理的基本原则是敬畏生命，并指出一切生命都是神圣的，没有高低贵贱之分，应该爱并且尊重一切生命。相对于施韦兹的"敬畏生命"，泰勒在其著作《尊重自然：一种环境伦理学理论》一书中，从实践角度提出很多逻辑性与哲学性相统一的观点和原则，构建了一套完整的生物中心论体系，包括生物中心论的世界观，强调有机体的内在价值，没有谁比谁更优越，应当接受"物种平等"的原理等。同时，他还主张人类的道德态度应是尊重大自然，提出不作恶、不干涉、忠诚和补偿正义四大原则。

其三，生态中心论。与动物解放论和生物中心论不同，生态中心论更加关注整个生态系统，即生态共同体而非有机个体，是一种整体主义而非个体主义的伦理学，其主要代表观点有美国思想家利奥波德的大地伦理学和罗尔斯顿的自然价值论。具体来讲，1947 年利奥波德在其著作《沙乡年鉴》中完整阐述了他的大地伦理学思想，确立了新的伦理价值尺度，拓宽了传统伦理学以人类利益为基础的伦理范围，缓和了人与自然的矛盾，建立起生态意识。但是由于大地伦理学的逻辑局限性，使其陷入演进困境。这时西方生态伦理学领域的重量级人物——罗尔斯顿，在继承利奥波德"大地伦理"传统的基

---

① ［澳］彼得·辛格：《所有的动物都是平等的》，江娅译，《哲学译丛》1994 年第 5 期。

础上，创造性地提出了自然价值论，使生态伦理学进一步系统化，从而形成了"大地美德"的观点，认为人是高于其他生物的文化动物，既享有最高的自然权利，也被赋予终极关怀的生态义务，并依据文化的尺度倡导生态伦理。①

总之，西方非人类中心主义的生态观将道德共同体和权利主体的范围不断扩大，拓展了伦理学的内涵，是人类思想史上的一次飞跃。尽管这些理论还没有形成完整、系统的体系，仍然存在着很多争议，但它们在客观上推动了生态保护运动，促进了生态伦理的发展和全人类共同道德的进步。

（三）生态现代化理论

早在 20 世纪 80 年代，生态现代化理论最先由西欧发达国家提出，90年代中后期在全球化的过程中逐步拓展到整个欧美以及东南亚等地。生态现代化理论是一种较为温和、实用的绿色政治社会理论，一经提出就迅速被相关国家政府、国际机构和非政府环境组织所接受，成为 20 世纪八九十年代以来社会发展领域一个重要的生态思潮，并对欧洲多国以及其他一些国家和地区的环境治理与生态保护产生了巨大的影响。这一理论的主要代表人物有德国社会学家约瑟夫·胡伯、马丁·耶内克，英国的阿尔伯特·威尔，荷兰的格特·斯帕加伦等。

其一，依靠技术革新。技术革新在生态现代化理论中处于核心地位，将科学技术作为解决生态危机的基本手段。它认为，科学技术是引发生态环境问题的根源，更是治理和防止环境污染问题的工具。因此，必须将科技作为生态文明建设的核心要素，依靠科技创新提高决策水平和污染防治效果，促进经济社会的高质量发展，从而达到全面改善生态质量的目的。

其二，利用市场机制。生态现代化理论始终关注经济与环境的协调发展，他们认为，除了依靠科学技术革新外，市场机制也是生态现代化的核心构成要素之一，他们试图通过对相关制度的根本性变革来实现环境变革和改善，这对于生态环境的保护有着重要的现实价值。同时值得注意的是，在追求经

---

① 胡建：《马克思生态文明思想及其当代影响》，人民出版社 2016 年版，第 54—57 页。

济利益最大化的市场前提下，市场主体必须以一定的环境关怀为基础、以规范的环境政策为导向，主动参与生态现代化进程。

其三，突出市民社会。生态现代化理论非常重视社会各界在生态环境保护中的地位，尤其注重市民社会的作用，认为它是实现整个社会生态转型必不可少的要素之一，是推动经济发展和生态文明建设的主要动力来源。这一观点不仅注意到了生态环境问题的系统性、综合性，而且认识到问题解决的公众性与整体性，主张通过政府宏观调控和市民社会广泛参与，实现经济发展与生态环保的双赢。①

总体来说，西方生态现代化理论传承了资本主义工业社会的劣根性，且最早是在少数西欧国家产生，如德国、英国、荷兰，带有明显的欧洲中心主义色彩。但随着全球化的到来，为生态现代化拓展了发展空间，不断将"生态化"嵌入"现代化"中，最终目的是实现整个社会的生态转型，开启了经典现代化的生态转型之路。相对于以往的生态学说而言，这一理论不论是对生态危机的认识，还是对其解决途径的选择都提出了更加合理、科学的见解，并经过实践的检验具有一定的可操作性。这些积极因素对我国生态文明建设以及新时代中国特色社会主义生态文明思想的形成具有一定的借鉴作用和理论启示。

纵观上述西方生态理论，可以发现，西方生态理论不同派别的学者，从不同的理论角度对生态伦理问题进行了思考，提出了不同的伦理理论和道德原则，通过不同的理论整合，建立了完整的、以人与自然和谐发展为目的的生态伦理学体系，为人类社会文明进步与发展提供了具有重要参考价值的思想资料，为新时代中国特色社会主义生态文明思想的形成提供了深刻的理论启示。

本章围绕新时代中国特色社会主义生态文明思想的理论渊源展开分析，是全书的理论奠基。通过论述可以看出，这一思想是对马克思恩格斯生态文

---

① 陈金清：《生态文明理论与实践研究》，人民出版社 2016 年版，第 172—174 页。

明思想的继承和发展，是对新中国成立以来历届领导人生态文明建设经验的科学总结和理论提升，是对中国优秀传统文化的创造性转化和创新性发展，是对西方有益生态理论的借鉴，蕴含着深厚的中国智慧。

第一部分，从理论渊源出发，强调马克思恩格斯的生态文明观为这一思想奠定了重要的思想前提。这其中包括人与自然关系的辩证统一论、生态危机的制度根源论以及生态文明的最终价值取向论等，是这一思想形成的最重要的理论基石。

第二部分，从历史的维度，对中国化马克思主义的生态文明思想进行了脉络梳理。从毛泽东的生态节约理念到邓小平的生态协调发展理论，到江泽民的可持续发展观，再到胡锦涛的科学发展观等，中国共产党人代代相传、接力探索中国特色社会主义生态文明建设理论，既一脉相承，又与时俱进，为这一思想提供了一定的历史基础。

第三部分，从文化传承的角度，对中国传统文化中蕴含的生态思想进行了回顾与思考。儒家的"天人合一"、道家的"道法自然"、佛家的"众生平等"等生态智慧，为这一思想的形成提供了重要的思想启迪。

第四部分，从国际借鉴的角度，吸收西方生态理论的优秀成分，如西方生态马克思主义、非人类中心主义、生态现代化理论等，我们要积极借鉴其中的合理成分，结合我国国情，走出一条中国特色社会主义的生态现代化之路。

第四章　新时代中国特色社会主义
生态文明思想的形成背景

任何理论都是时代发展的结果。马克思曾经说过："人们自己创造自己的历史，但是他们并不是随心所欲地创造，并不是在他们自己选定的条件下创造，而是在直接碰到的、既定的、从过去继承下来的条件下创造。"① 新时代中国特色社会主义生态文明思想，作为新时代推进生态文明建设工作的重要理论成果，从一定意义上说也是世情、国情以及党情相互结合融为一体的理论创新及实践推进过程。其中，世情趋势必然对国情特点、党情变化产生重大影响，而国情、党情又是动态的、发展的，随着时代的变化而不断发生变化。认清和把握时代背景和形成本质，是准确理解新时代中国特色社会主义生态文明思想的客观依据和重要前提。

一、世情趋势：人类社会历史发展的必然选择

如何认识世界的发展趋势，并准确阐述时代主题和基本特征，是马克思主义不断发展的一个基本条件，也是推进生态文明建设的一个重要理论维度。目前，随着世界多极化和经济全球化的发展，和平与发展仍然是时代主题，

---

① 《马克思恩格斯文集》第2卷，人民出版社2009年版，第470—471页。

影响着新思想新理论的产生与发展，新时代中国特色社会主义生态文明思想也不例外。基于此，本章系统论述了这一思想的产生是适应全球化的时代发展趋势、中国日益走近世界舞台中央的事实以及全球生态危机严峻形势的历史必然。可以说，只有正确判断和深刻分析这一世界发展新走向，积极回应新的时代挑战，才能真正实现马克思主义中国化的与时俱进，为研究新时代中国特色社会主义生态文明思想的形成提供更为宏观的时代背景和基本依据。

（一）全球化的时代发展趋势

时代是复杂的，又是不断发展变化的。全球化作为当今世界发展的总趋势和必然结果，标志着社会化大生产、大交往的格局开始形成，其以经济全球化为先导，广泛涉及政治、社会、文化、生态等各方面，深刻影响着世界各国的发展。进入 21 世纪，世界形势进一步变化，世界多极化和经济全球化成为最显著的特征，随之而来的是资源枯竭、环境恶化、全球变暖等生态难题的出现，给人类生产和生活方式带来了严峻的挑战，并呈现出一定的新特征和新趋势：一是生态环境保护已成为全球各国应对生态危机的重要议题；二是绿色发展已成为全球可持续发展的必然趋势。随着全球化发展和中国融入世界程度的加深，应该更加密切地关注全球化发展趋势，更科学地回答社会主义生态文明建设中出现的问题，承担一个发展中大国应有的责任担当，推动建立公平合理的生态文明全球新秩序。

基于此，党的十八大以来，习近平总书记以宽广的国际视野，把生态文明建设置于世界全球化的时代潮流中进行考察，彰显了马克思主义中国化的时代特色。诸如先后提出牢固树立绿色发展理念，积极推动"一带一路"建设，并得到 160 多个国家和地区的积极响应；推动构建人类命运共同体，建设以生态和谐为核心的美丽新世界；积极引导应对气候变化国际合作，提出"携手构建合作共赢、公平合理的气候变化治理机制"，对未来全球治理模式进行了展望；共建全球治理新秩序，用积极的行动落实 2030 年可持续发展目标；等等。这些重要举措彰显了发展中国家的历史担当与责任使命，为推进全球生态文明建设贡献了中国方案，使中国由最初的参与者变成了全球治理的引领者和推动者，实现了推动全球可持续发展进程与落实中国生态文明建设的融合并进。正如习近平总书记所言："中国人民愿同各国人民一道，推动人类命运共同体建设，共同创造人类的美好未来。"① 这些事实充分说明，我国对世界经济的影响力、对全球治理的引领力、对各国民众的吸引力都达到了新的高度，正凭借特有的东方智慧发挥日益显著的引领作用。

（二）中国日益走近世界舞台中央

从历史维度看，人类社会正处在一个大发展大变革大调整时代。世界多极化、经济全球化、社会信息化、文化多样化深入发展，和平发展的大势日益巩固，变革创新的步伐持续向前。随着经济全球化、新科技革命和产业变革的深入发展，全球治理体系深刻重塑，国际格局加速演变，和平发展已成为时代潮流。但同时也要看到，全球发展的深层次矛盾依然凸显，出现诸如霸权主义、战乱冲突、气候变化、治理赤字、网络安全等背离时代潮流的现象。面临"百年未有之大变局"，西方逆全球化、贸易保护主义抬头。中国作为世界上最大的发展中国家，始终顺应世界发展大势，积极参与、推动全球治理体系构建，国际影响力进一步提升，"日益走近世界舞台中央"，成为推动世界和平发展的重要参与者、贡献者和引领者，这是当代中国发展一个新的显著特征。

一方面，不断增强的综合国力向世界展示了中国成就。综合国力是一个主权国家生存与发展所拥有的全部实力（物质力和精神力）及国际影响力的综合。② 改革开放 40 多年来，中国以惊人的"中国速度"创造了诸多"中国奇迹"。特别是党的十八大以来，在以习近平同志为核心的党中央领导下，我国经济实力显著增强、科技创新成果不断涌现、减贫成就举世瞩目、国际地位和影响力显著提升，综合国力实现了历史性跨越，生态环境质量取得了突

---

① 习近平：《决胜全面建成小康社会　夺取新时代中国特色社会主义伟大胜利——在中国共产党第十九次全国代表大会上的报告》，《人民日报》2017 年 10 月 28 日。

② 黄硕风：《大国较量——世界主要国家综合国力国际比较》，世界知识出版社 2006 年版，第18 页。

出成效。从"十三五"规划纲要的实际执行情况来看，过去五年的确是"迄今为止生态环境质量改善成效最大、生态环境保护事业发展最好的五年，人民群众生态环境获得感、幸福感和安全感不断地增强"[①]。与 2015 年相比，2019 年全国地表水优良水质断面比例上升 8.9 个百分点，劣 V 类断面比例下降 6.3 个百分点；细颗粒物（$PM_{2.5}$）未达标地级及以上城市年均浓度下降 23.1%，全国 337 个地级及以上城市年均优良天数比例达到 82%。这意味着广大人民群众可以从生态环境质量的大幅度改善中提升自己的生活品质，比如更多蓝天白云的本真色彩、更多鸟语花香的自然野趣、更多"人在自然中"的城乡休闲娱乐空间。

另一方面，积极参与全球生态治理彰显执政品格。中国在致力于建设"美丽中国"的同时，积极参与全球生态治理，努力为"美丽世界"提供中国方案。诸如党的十八大以来，以习近平同志为核心的党中央创造性地提出构建"人类命运共同体"的伟大倡议，成为中国引领时代潮流和人类文明进步方向的鲜明旗帜；提出建设持久和平、普遍安全、共同繁荣、开放包容、清洁美丽的世界，汇聚着世界各国人民共同向往的和平、发展、繁荣的"最大公约数"；提出"一带一路"倡议，与各国分享中国发展机遇，为世界提供更多公共产品。这些重大的原创性观点，是坚持人民立场、体现博大胸怀、运用科学思维进行的理论创造，是新时代统筹国内国际两个大局的重大创新成果，表明我国正在寻求一种共享、健康的崛起方式，积极主动地与周边国家分享发展的红利，彰显出负责任、有担当的大国形象。正如《纽约时报》等外媒称，站在全球化钟摆运动的重要节点，中国正经历从全球化受益者到全球化贡献者和引领者的转变，世界将继续搭乘中国发展的"顺风车"。

上述事实充分说明，我国正不断地走近世界舞台的中央，对世界经济的影响力、对全球治理的引领力、对各国民众的吸引力都达到了新的高度，正凭借特有的"中国智慧"发挥着日益显著的引领作用。

---

① 郇庆治：《"十四五"时期生态文明建设的新使命》，人民论坛网，2020 年 11 月 19 日。

（三）全球生态危机的严峻形势

经济全球化时代，在我国推进生态文明建设，一定离不开所处的国际环境和世界发展大势。从现实维度看，在工业化、现代化进程中，一些国家片面追求经济快速增长、物质条件迅速改善，却忽视了发展的全面性、可持续性与生态系统的可承受性，导致生态危机已成为一个关系人类存亡的议题。当前，水资源短缺、土地荒漠化呈扩大趋势、生物多样性减少、废弃物排放量增加等现象仍然存在。随着经济发展水平和人们对环境问题关注度的提高，发达国家开始积极开展生态治理，通过建立完善的环境保护法规体系、积极促进经济结构转型、培育生态文明理念等举措，使得"局部有所改善"。但同时应该清楚地意识到，当环境问题大规模凸显时，局部行动和局部改善，就显得意义不大。当今时代，全球生态危机严重威胁着全人类的生存和发展。要解决这一矛盾，实现中华民族的永续发展，就必须携手世界各国共建生态文明。

面对全球生态危机，习近平总书记明确指出，"纵观世界，变革是大势所趋、人心所向，是浩浩荡荡的历史潮流，顺之则昌、逆之则亡"①。中国作为世界上负责任的发展中大国，中国共产党作为为人类进步事业奋斗的政党，历来重视生态环境的保护。作为一个有着全球意识的新一代党和国家领导人，习近平总书记始终关注全球生态治理。基于此，党的十八大以来，习近平总书记提出了诸如"加强生态环保合作，建设生态文明，共同实现2030年可持续发展目标"、贯彻落实总体国家安全观、"共谋全球生态文明建设，深度参与全球环境治理"、构建人类命运共同体等重大战略思想和举措，使人民群众对优美生态环境的新期待在新时代社会主要矛盾中得以充分体现，并得到了国际社会的普遍认可和积极响应。由此可见，新时代中国特色社会主义生态文明思想与全球生态危机的出现密切相关，习近平总书记提出的很多站位高、立意深远的生态观点，承载着他对建设和谐社会、

① 中共中央文献研究室编：《习近平关于全面深化改革论述摘编》，中央文献出版社2014年版，第11页。

和谐世界的崇高理想和不懈追求，展现了中国共产党人以人民为中心的世界情怀。

总之，世界在变化、中国在前进，紧跟时代发展潮流，科学认识分析世界发展趋势，才能推动生态文明建设的进一步发展，使马克思主义理论在中国焕发出强大的生命力，从而扩大新时代中国特色社会主义生态文明思想的吸引力和影响力。

二、国情需要：新时代国内发展压力的深刻回应

国情是一个国家在一定发展阶段所处的历史方位和社会环境，集中到一点就是社会性质。毛泽东曾明确指出，"认清中国社会的性质，就是说，认清中国的国情，乃是认清一切革命问题的基本的根据"①。新时代中国特色社会主义生态文明思想也不例外。从国情看，当前我国生态文明建设进入一个必须紧紧抓住并且可以大有作为的重要战略机遇期，发展任务重、风险挑战多，如何更好地推进生态文明建设是一个急需解决的理论与实践问题。基于此，本部分内容主要从对新时代历史定位的科学判断、对社会主义初级阶段基本国情的正确把握、对现阶段生态环境问题的深刻认识等现实层面，明确这一思想是对新时代国内发展压力的深刻回应，构成了这一思想形成的重要出发点和客观依据。

（一）对新时代历史方位的科学判断

准确把握一个国家的历史方位，是马克思主义不断开辟理论新境界的逻辑起点，也是马克思主义中国化不断实现历史性飞跃的基本标志。一种新的理论创新和指导思想，也只有与一定时期的历史条件相联系、相适应，才能展现出巨大的生命力、创造力和感召力。新时代中国特色社会主义生态文明

---

① 《毛泽东选集》第二卷，人民出版社 1991 年版，第 633 页。

思想的形成正是如此，其在正确把握我国发展新的历史方位的基础上，科学回答和解决了时代提出的新问题。

一方面，中国特色社会主义进入新时代。这一重大判断，是我们党对目前国家发展形势和历史方位的科学把握和正确认识，使我国生态文明建设也站到了新的历史起点上。换言之，新时代的历史方位是新时代中国特色社会主义生态文明思想形成的时代背景，这一思想是新时代生态文明建设顺利推进的行动指南。具体来讲，第一，从历史脉络来看，这个新时代是党和人民长期奋斗创造的历史性成就，是在新的历史条件下继续夺取中国特色社会主义伟大胜利的时代；第二，从实践主题来看，这个新时代是全面建成小康社会、进而全面建设社会主义现代化强国的时代；第三，从人民主体性来看，这个新时代是全国各族人民不断创造美好生活、注重"从有到优"的需求、逐步实现共同富裕的时代；第四，从世界性来看，这个新时代是我国综合国力日益增强，国际地位逐渐提升，助力全球发展、贡献中国智慧的时代。党的十八大以来，以习近平同志为核心的党中央对生态文明建设高度重视，明确指出保护生态环境是关系最广大人民群众的根本利益，是功在当代、利在千秋的伟大事业。这一最基本的科学定位，构造了新时代中国特色社会主义生态文明思想的崭新面貌，使生态文明建设越来越成为衡量"五位一体"总体布局是否全面、协调的重要内容，集中展现了既符合我国新时代需求，又回应人民群众新期待的执政态度。由此可以说，中国特色社会主义进入新时代的历史定位，构成了新时代中国特色社会主义生态文明思想形成的逻辑起点和理论依据，只有把握了这一特定的历史起点，才能更好理解这一思想的理论精髓和核心要义。

另一方面，我国社会主要矛盾发生了变化。恩格斯指出，社会主义社会是"经常变化和改革的社会"，这是由人类社会基本矛盾的运动规律所决定的。随着生产力的发展，会出现生产关系不适应生产力、上层建筑不适应经济基础的状况，这就需要通过推动社会生产力的发展，打牢经济基础，不断满足人民群众日益增长的美好生活需要。党的十九大报告明确指出，"我国社会主要矛盾已经转化为人民日益增长的美好生活需要和不平衡不充分的发展之间的矛盾"①。这是从历史和现实、理论和实践、国内和国际等维度进行理性分析作出的重大判断，主要依据在于：一是经过改革开放40多年的发展，我国经济社会发展实现了历史性的跨越，社会生产力水平显著提升，"落后的社会生产"已经发生了新的阶段性变化；二是人民群众的生活水平日益提高，对美好生活的向往更加强烈，凸显出阶段性的新特征。在这个过程中，发展的不平衡不充分问题严重影响了人民群众对美好生活的新期待，特别是生态破坏现象依然突出，成为当前和今后制约满足人民日益增长的美好生活需要的主要根源。

同时，我国生态文明建设进入新发展阶段。生态文明建设是新时代中国特色社会主义的一个重要特征。党的十八大以来，"党中央以前所未有的力度抓生态文明建设，全党全国推动绿色发展的自觉性和主动性显著增强，美丽中国建设迈出重大步伐，我国生态环境保护发生历史性、转折性、全局性变化"②。"十四五"时期，我国生态文明建设进入了以降碳为重点战略方向、推动减污降碳协同增效、促进经济社会发展全面绿色转型、实现生态环境质量改善由量变到质变的关键时期。在新发展阶段，我国生态环境质量改善与实现碳达峰碳中和、建设美丽中国的目标仍有较大差距。面对这些矛盾和挑战，需要我们从实现中华民族伟大复兴中国梦的历史高度，进一步践行新时代中国特色社会主义生态文明思想，保持加强生态文明建设的战略定力，不断用这一理论成果指导生态实践，努力建设人与自然和谐共生的现代化。

可以说，正是基于上述对我国新时代历史方位的科学判断，以习近平同志为核心的党中央围绕当前我国经济社会发展的客观需要，对生态文明建设作出了一系列战略部署，由此形成了新时代中国特色社会主义生态文明思想。

（二）对社会主义初级阶段基本国情的正确把握

现阶段，我们要深刻认识到，"我国仍处于并将长期处于社会主义初级阶

---

① 习近平：《决胜全面建成小康社会 夺取新时代中国特色社会主义伟大胜利——在中国共产党第十九次全国代表大会上的报告》，《人民日报》2017年10月28日。

② 《中共中央关于党的百年奋斗重大成就和历史经验的决议》，《人民日报》2021年11月17日。

段的基本国情没有变"。这一总体性判断是基于辩证唯物主义和历史唯物主义方法论基础上的科学论断。正确把握和科学认识这一基本国情,是推进生态文明建设的根本依据,也是新时代中国特色社会主义生态文明思想形成的根本立足点和出发点。

一方面,社会主义初级阶段仍是当今中国的最大国情和最大实际。社会主义初级阶段是中国特色社会主义理论和实践的总依据和大前提,在这一阶段,发展仍然是解决我国一切问题的关键。党的十八大以来,我国经济总量虽已跃居世界第二,对世界经济的影响和拉动作用不断增强,在生产力、生产关系、经济基础、上层建筑、人民生活等方面也都发生了深刻的变化。但与此同时,从社会主义事业发展全局来看,一些突出的发展不平衡不充分的问题尚未解决,诸如人均 GDP 水平与世界平均水平差距较大,人均国内生产总值只相当于世界平均水平的 80% 左右,综合经济竞争力与发达国家还存在明显差距,特别是作为实现中华民族永续发展重要支撑的生态文明建设,也面临着能源资源约束、环境污染严重、生态系统退化等突出问题,直接影响人民群众对美好生活的追求。这一事实是社会主义初级阶段基本国情没有改变的现实反映,表明我国社会主要矛盾虽然发生阶段性变化,但我国生产力不够发达的状况并没能从总体上改变。因此,必须明确中国仍然处于社会主义初级阶段,仍然是一个发展中国家。只有认清这个最大的国情,才能真正做到从中国实际出发,不断创新马克思主义中国化的理论结晶。

另一方面,准确把握社会主义初级阶段不断变化的特点,大力推进实践基础上的理论创新。我国国情是动态发展且不断变化的,是马克思主义中国化理论创新发展的实践基础。党的十八大以来,我国发展站到了新的历史起点上,改革进入攻坚期、发展进入关键期。具体在生态文明建设方面的突出表现就是,中国将进入生态环境质量总体改善阶段,呈现出总体趋于改善、局部趋于恶化的基本特征。这些现象表明,中国特色社会主义仅仅是初级阶段中的新起点新阶段。以此为基础,我们要继续加快构建生态文明体系,全面落实绿色发展理念,提高环境治理水平,走以生态优先、绿色发展为导向的高质量发展新道路。只有牢牢把握社会主义初级阶段这个最大国情,并不断在实践基础上推进生态文明的理论创新，才能实现中华民族伟大复兴中国梦的奋斗目标。

（三）对现阶段生态环境问题的深刻认识

方位决定道路，道路决定命运，任何一个理论体系的形成都与一定的现实因素密切相关。党的十八大以来，经济社会发展进入新常态，生态环境整体上有所改善，但同时我们也应该看到，生态环境问题的局部恶化，会进一步阻碍实现美丽中国以及建设社会主义现代化强国的进程。正如当年邓小平所判断的，"发展起来以后的问题，不比不发展时少"[①]。要解决这一突出矛盾和挑战，必须不断推进生态文明建设。基于此，以习近平同志为核心的党中央从理论和实践结合上系统回答了"什么是生态文明、为什么建设生态文明、怎样建设生态文明"这一重大时代课题，形成了新时代中国特色社会主义生态文明思想，其形成是对生态环境恶化状况作出的积极回应。

聚焦国内，一方面，改革开放以来，伴随着我国科学技术和社会生产力水平的提高，中国在社会经济建设中创造了巨大的物质财富，极大地推动了物质文明的进步，但由于人口众多、自然资源有限、经济增长方式相对粗放，使经济社会发展与自然环境之间的矛盾日益尖锐，资源消耗与环境污染的程度远超过了生态保护的力度，传统经济增长模式已不适应当代社会发展，发展不平衡不充分的问题突出，生态环境保护形势严峻。要确保国家生态安全和实现中华民族伟大复兴，必须要推进生态文明建设，这是解决"不可持续"和"资源环境约束加剧"的唯一正确途径。新时代中国特色社会主义生态文明思想就是在这样的国内背景下应运而生，是我们在进行经济、政治、文化、社会建设的同时必须共同追求的重要目标。它要求人们实现思想上的转变，行动上的实施以及制度上的保障，是中国特色社会主义本质属性在生态领域的集中体现。

另一方面，我国独特的地理环境加剧了地区间的不平衡——诸如东部

[①] 《邓小平年谱（1975—1997）》下，中央文献出版社2004年版，第1364页。

"生态环境压力巨大"、西部"生态系统非常脆弱"[1]。这些都使得我国的环境保护、污染治理呈现出结构型、压缩型、复合型等特点。[2]党的十八大以来，中国特色社会主义进入新时代，中国的发展环境、条件、任务和要求发生了新的变化。这一新变化决定了新时代任何以牺牲生态环境为代价的发展都是不可持续的，是不值得追求的；相反，不断改善的生态环境却可以提升人民群众获得感、幸福感、安全感。针对这一特殊国情，习近平总书记深刻总结国内外的经验教训，准确把握中国社会发展趋势，在对新时代面临的现实难题的深入思索过程中，顺应人民新期待，紧扣实践新要求，提出了一系列关于生态文明建设的新论断，创造性地提出了生态文明思想，这是对破解国内新阶段发展难题的深刻回应，实现了治国理政思想的新跨越。

综上可以说，新时代催生新思想，新时代中国特色社会主义生态文明思想正是基于中国国情的具体实际，面对人民对美好生活的向往，解决和分析中国特色社会主义建设进程中面临的一系列生态问题而形成的重要理论成果，集中反映了党的十八大以来治国理政的工作重点，为我们在新的历史起点上实现新的奋斗目标提供了基本遵循。

三、党情变化：中国共产党面临的执政新要求

办好中国的事情，关键在党。推进中国的生态文明建设，关键同样在党。当前，尽管我们面临的时代主题、社会主义初级阶段的国情未发生根本性改变，但是世情在变、国情在变，党情也不可避免地在发生深刻变化，党的历史地位、执政环境、肩负的历史任务、自身状况等也出现了新情况。这些变化使党面临着巨大考验和挑战，同时对党的执政能力也提出了新的要求。

---

[1]　郇庆治：《习近平生态文明思想的标志性理论文献》，中国社会科学网，2019年2月7日。

[2]　李军等：《走向生态文明新时代的科学指南：学习习近平同志生态文明建设重要论述》，中国人民大学出版社2015年版，第5页。

党的十八大以来，在以习近平同志为核心的党中央领导下，经济社会快速发展，人民生活水平不断提高，执政绩效更加显著，但同时，"新形势下，我们党面临着许多严峻挑战，党内存在着许多亟待解决的问题"①。具体到生态文明建设方面，社会主要矛盾的变化、人民对美好生活的追求以及当前生态环境的现状，都对执政党提出了新的执政要求。可以说，新时代中国特色社会主义生态文明思想正是在这样的党情变化中应运而生。应对这些新要求，需要中国共产党在推进生态文明建设过程中，坚持运用马克思主义的立场、观点和方法，充分认识和准确把握党情变化的新特征、新趋势，推动生态文明建设不断取得新成效。具体来讲，这些新变化主要表现在党的历史使命不断拓展、执政理念不断创新和执政能力不断提升等方面。

（一）党的历史使命不断拓展

人心向背是决定一个政党、一个政权兴衰的根本因素。马克思主义执政党的根基在人民群众，离开人民群众的支持不可能长期执政。党的十八大以来，以习近平同志为核心的党中央始终坚持以人民为中心，"坚持把人民群众的小事当作自己的大事""从人民群众关心的事情做起""从让人民群众满意的事情做起"。②这是党的建设实践一以贯之、矢志不渝的政治信念，凸显出"以人民为中心"的根本要求，回答了"我是谁""我从哪里来"的理论命题，体现了中国共产党人的初心和使命。

从党面临的生态执政考验角度看，党的十八大以来，我们党大力推进生态文明建设，生态环境质量持续改善，绿色发展取得明显成效。但随着我国社会主要矛盾的转化，人民群众的诉求已经从"盼温饱"转向"盼环保"，从"求生存"转向"求生态"，这一民生新期待表明生态文明建设仍是"挑战重重、压力巨大、矛盾突出"，客观上对我党执政提出了新要求。针对于此，在新时代中国特色社会主义生态文明思想中，以人民为中心的理念居于基础性

---

① 《习近平谈治国理政》第一卷，外文出版社 2018 年版，第 4 页。

② 习近平：《决胜全面建成小康社会　夺取新时代中国特色社会主义伟大胜利——在中国共产党第十九次全国代表大会上的报告》，《人民日报》2017 年 10 月 28 日。

的突出位置，贯穿于这一思想的全过程和各方面，是对党的历史使命的不断拓展。诸如在推进生态文明建设过程中，我们党"始终把人民利益摆在至高无上的地位""不断满足人民日益增长的美好生活需要"，担负起生态环境保护的历史新使命，"争取到2035年，生态环境根本好转，美丽中国目标基本实现；到本世纪中叶，把我国建成富强民主文明和谐美丽的社会主义现代化强国……"这些论断和目标是我们党牢牢把握执政规律和中国特色社会主义建设规律的重要体现，也是巩固党执政地位的基本出发点。

（二）党的执政理念不断创新

党的执政理念与生态文明建设密切联系，在中国特色社会主义建设中发挥着整体性和独特性的功能。可以说，有什么样的执政理念，就会引导生态文明建设朝着什么方向发展。党的十八大以来，习近平总书记从中华民族5000多年的文明史、建党以来100多年的历史、新中国成立以来70多年的历史、改革开放40多年等多个历史维度，深刻论述了自中国共产党成立以来，其执政理念就是谋求民族独立、人民解放和国家富强、人民幸福。当前，社会不断发展，中国共产党所处的历史地位随之而变，同时也赋予了我们党新的历史使命。特别是随着社会主要矛盾的变化以及人民群众对美好生活的新期待，生态文明建设成为党和国家高度重视的治理领域。有鉴于此，我们党必须坚持与时俱进，认真总结执政规律，适时革新执政理念，这些成为新时代中国特色社会主义生态文明思想形成不可或缺的条件。

其一，从发展内涵来说，新时代中国特色社会主义生态文明思想不再把发展仅仅局限于经济领域，而是要求"五位一体"全方面发展，从实现中华民族伟大复兴和人民福祉的要求出发，将生态文明融入社会发展的全过程，从而实现中华民族的永续发展。其二，从发展价值来说，实现人的全面可持续发展、全面建成小康社会、实现中华民族伟大复兴的发展目标，是贯穿在新时代中国特色社会主义生态文明思想中具有方向性、目标性和价值性的根本原则。其三，从发展目标来说，随着"生态环境在群众生活幸福指数中的地位不断凸显，环境问题日益成为当前重要的民生问题"，人民群众的愿望也随着生产力水平的不断提高从以前渴求"温饱"到转向追求"环保"，从求"生存"转向求"生态"。这些现实问题迫使我们党的执政理念不断丰富和发展，最终建成经济发展持续、社会发展持续、生态保障持续的"美丽中国"。换言之，新时代中国特色社会主义生态文明思想是环境治理问题在党的执政领域和国家治理体系中的集中体现，充分展现了我们党在面对生态环境危机时勇于担当的执政品格和历史使命。①

（三）党的执政能力不断提升

不断提高党的执政能力，是实现新时代党的历史使命的必然要求。在中国共产党执政的不同历史时期，党的执政能力和执政水平有所不同。随着中国特色社会主义进入新时代，国内外形势格局发生深刻变化，这对我们党的长期执政能力和领导水平提出更高要求。党的十九大报告指出，"我们党既要政治过硬，也要本领高强"，要努力提高学习人类文明有益成果的能力、提高依法执政的能力、提高政治领导的能力、提高改革创新本领的能力等各方面能力。只有全面增强党的执政能力，才能适应新时代党的执政实践需要。

聚焦当前国内发展，党内面临的一个重大问题，就是如何正确认识和合理解决我国经济社会迅速发展后衍生出的各种新情况新问题。特别值得注意的是，在面对生态环境问题层出不穷、绿色发展成为时代潮流、人民群众充满对美好生态新期待的时代境况下，以习近平同志为核心的党中央在带领人民群众进行生态文明建设的实践过程中，创造性地提出了生态文明思想。这一思想作为党执政实践中理论总结的重要内容之一，科学回答了经济发展与资源环境之间的矛盾问题，为实现人与自然和谐发展指明了前进方向，是不断增强党的执政能力、巩固党的执政基础的一项重要战略任务。

具体来讲，新时代中国特色社会主义生态文明思想，一是反映了党把握执政规律的能力不断增强。政党执政是人类社会行为中客观存在的一种独特现象，其具有一定的运行规律。新时代中国特色社会主义生态文明思想的形

---

① 张金俊：《十八大以来习近平对生态文明思想的发展》，《科学社会主义》2017 年第 3 期。

成和确立，彰显出我们党对执政规律的历史顺应和科学把握。二是表明党应对执政挑战的能力不断提高。在执政实践中，面对资源匮乏、环境污染、生态恶化等生态环境问题以及重大环境污染事件，我们党制定并推行了一系列环境保护的相关法律、政策和措施等，最大限度减少突发性环境事故的发生，同时也推进了国家治理体系和治理能力现代化。三是表明党凝聚民心的能力不断增强。党的十八大以来，我们党始终注重引导人民群众牢固树立"尊重自然、顺应自然、保护自然"的生态文明价值观，使之逐渐成为新时代党执政兴国的重要价值观念，表明中国共产党始终在根据党情的变化凝聚民心、引领发展。总之，中国特色社会主义进入新时代，生态文明建设面临着前所未有的新形势和新问题，我们党必须弘扬"赶考"精神，不断提高党的执政能力和领导水平。

总之，综合以上三个方面，我们可以说，党的十八大以来，国外生态环境形势的深刻变化、我国生态问题的严峻性以及党情的深刻变化催生了新时代中国特色社会主义生态文明思想，其理论和实践的逻辑关系为：新时代呼应新问题，新问题催生新理念，新理念明确新路径。

不同的时代方位和问题导向，导致了不同的理论形态和理论特征。新时代中国特色社会主义生态文明思想，是我们党成功应对当今时代世情、国情、党情深刻变化的理论结晶，是对当代中国发展新的历史方位、主要矛盾历史性变化及其内在要求作出的深刻揭示和系统回应。基于此，本章重点从深刻认识世情、国情、党情变化三个维度切入，深入研究新时代中国特色社会主义生态文明思想产生的主要依据。

一是世情趋势：人类社会历史发展的必然选择。基于世界局势的变化，从全球化的时代发展趋势、中国日益走近世界舞台中央以及全球生态危机的严峻形势入手，论述了新时代中国特色社会主义生态文明思想形成的世情趋势，为全书的理论分析框架提供了科学的支撑。

二是国情需要：新阶段国内发展压力的深刻回应。这一部分主要从现阶段基本国情出发，论述了新时代中国特色社会主义生态文明思想是对新时代历史方位的科学判断、对社会主义初级阶段基本国情的正确把握、对现阶段生态环境问题的深刻认识。以上这些方面构成了这一思想建构的逻辑起点。

三是党情变化：中国共产党面临的执政新要求。这部分主要从党执政考验的角度出发，论述了新时代中国特色社会主义生态文明思想是在党的历史使命不断拓展、党的执政理念不断创新、党的执政能力不断提升的基础上形成的。以上方面构成了新时代中国特色社会主义生态文明思想形成的动力源泉。

总之，新时代中国特色社会主义生态文明思想是综合考虑世情、国情、党情之后形成的智慧结晶，本书对新时代中国特色社会主义生态文明思想与实践的把握，正是建立在上述时代背景之中。

第五章　新时代中国特色社会主义生态文明思想的发展历程

纵观人类社会的发展，每一个时代的理论都是时代发展的必然产物。正如恩格斯所指出的，"历史从哪里开始，思想进程也应当从哪里开始，而思想进程的进一步发展不过是历史过程在抽象的、理论上前后一贯的形式上的反映"①。生态环境保护是党百年辉煌历史中的重要篇章。研究新时代中国特色社会主义生态文明思想的发展历程，必须将其置于党和国家对生态文明建设的探索进程中，讲清楚"一脉相承"的问题。基于此，本章遵循唯物史观，按照马克思主义中国化的历史进程和社会主义生态文明建设的演进轨迹，以史料为依据，将新时代中国特色社会主义生态文明思想置于宏观视野中进行考察。这是理解其深刻内涵和凝练其践行路径的逻辑前提，意在解决新时代中国特色社会主义生态文明思想"从何而来、何以成立"的问题。

一、1949—1977 年：环境保护工作开始起步

历史的教训与和平稳定的环境是新时代中国特色社会主义生态文明思想孕育萌芽的先决条件。从 1949 年新中国成立到 1978 年改革开放之前，党在

---

① 《马克思恩格斯全集》第 13 卷，人民出版社 1962 年版，第 532 页。

探索社会主义建设的同时，以毛泽东同志为主要代表的中国共产党人也对生态文明与经济建设的关系进行了积极探索，提出的一系列保护环境的理论和政策，蕴含了丰富的生态文明思想及实践理论。诸如提出"一定要把淮河治理好"、发出"绿化祖国"的号召、兴起爱国卫生运动、提出"要把黄河的事情办好"、大力发展林业、推行"综合利用工业废物"方针、参加联合国人类环境会议等，特别是 1973 年召开的第一次全国环境保护会议，标志着我国生态文明建设事业进入起步阶段，为新时代生态文明建设提供了一定的智慧资源与有益参考。

（一）开展统筹人口资源环境的绿色探索

从历史来看，中国自古以来自然灾害频繁，造成了水土流失、沙漠化、河道决堤、湖泊干涸等一系列生态问题，人们迫切希望改善我国脆弱的生态环境。从现实来看，新中国成立后，我国结束了长期以来军阀割据、战乱频繁的状况，社会政治局面趋向稳定，以毛泽东同志为主要代表的中国共产党人不仅以高度的政治自觉将改善生态环境纳入党和国家的现代化建设任务当中，而且赋予统筹兼顾这一思想方法以生态意义，实现了对我国生态环境保护事业的开创性奠基。1957 年，毛泽东在思考正确处理人民内部矛盾的方针原则时提出了统筹兼顾、适当安排的问题。为了更好地领导我国的社会主义现代化建设，1959 年 6 月，毛泽东指出，"搞社会主义建设，很重要的一个问题是综合平衡。比如社会主义建设需要钢、铁等种种东西，缺一样就不能综合平衡。农业也要综合平衡，农业包括农、林、牧、副、渔五个方面"①。同年 8 月，在中共中央工作会议上，毛泽东明确指出"跟自然界斗争"必须要有统一领导的重要问题。这样，在明确了党对生态环境保护建设的领导问题的基础上，围绕兴修水利、建设基本农田、改良土壤、植树造林、建设草原、防治污染和设置自然保护区等做了大量工作。随后，党对生态环境保护建设的领导在国家战略和具体实践层面逐步被确定下来，生态环境保护工作成为党

---

① 《毛泽东年谱（一九四九——一九七六）》第四卷，中央文献出版社 2013 年版，第 68 页。

领导全国人民探索社会主义建设的重要内容。

（二）提出"四个现代化"目标

早在 1954 年社会主义工业化大规模展开之际，毛泽东就提出要实现现代化工业、现代化农业、现代化交通运输业和现代化国防。1964 年，在第三届全国人大一次会议上，周恩来在政府工作报告中提出，"要在不太长的历史时期内，把我国建设成为一个具有现代农业、现代工业、现代国防和现代科学技术的社会主义强国，赶上和超过世界先进水平"[①]。"四个现代化"是国家整体发展中的一个方面，是针对当时中国的具体实际而提出的重点突破战略，同时，它又是同政治建设、文化发展、生态文明建设、党的建设协调统一的。尤其是在实现现代化的过程中，我们党充分认识到"绿化"对现代化的重大意义。1955 年，毛泽东提出，"南北各地在多少年以内，我们能够看到绿化就好。这件事情对农业，对工业，对各方面都有利。"[②] 1956 年 1 月，中央提出《1956 年到 1967 年全国农业发展纲要（草案）》，要求在 12 年内，绿化一切可能绿化的荒地、荒山。以这次大会为标志，同年 3 月，毛泽东发出了"绿化祖国"的伟大号召，开启了新中国成立以来持续不懈地绿化祖国和保护生态的伟大征程。自此，绿化成为我国现代化建设的重要组成部分。

（三）形成我国生态文明建设的行动路线

新中国成立以后，在马克思主义生态思想的指导下，中国共产党人科学把握人与自然和谐共生的规律，在开创人与自然和谐共生的现代化建设新格局的过程中，创造性地形成了关于生态文明建设的行动路线。一是召开了第一次全国环境保护会议。1973 年 8 月 5 日到 20 日，第一次全国环境保护会议召开。会议审议通过了我国第一个环境保护文件——《关于保护和改善环境的若干规定（试行草案）》（以下简称《规定》）。《规定》主要从全面规划、工

---

① 《周恩来选集》下卷，人民出版社 1984 年版，第 439 页。

② 《毛泽东论林业》新编本，中央文献出版社 2003 年版，第 25 页。

业布局、城市改造、综合利用、植物保护、水系保护、森林保护、环境监督、宣传教育以及资金来源等方面对生态环境保护进行了综合全面的安排。[①] 这是我国第一部综合性环境保护法规和指导我国生态环境保护事业的纲领性文件，标志着我国对于生态环境保护工作的认识发生了根本性转变。二是确立了环境保护"32 字方针"。第一次全国环境保护会议，审议通过了"全面规划、合理布局、综合利用、化害为利、依靠群众、大家动手、保护环境、造福人民"的环境保护工作"32 字方针"和我国第一个环境保护文件——《关于保护和改善环境的若干规定》，树起我国生态环境保护的第一个里程碑。至此，我国环境保护事业开始起步。

这一阶段虽然没有明确提出生态文明的概念和理论，而且在探索过程中走过一段曲折的路程，但在环境保护方面的探索和尝试，为之后我国的生态文明建设提供了宝贵的实践经验，为新时代中国特色社会主义生态文明思想的形成奠定了前期基础。

二、1978—2002 年：从人口资源环境基本国策到可持续发展战略

改革开放后，随着经济的发展生态环境破坏越来越严重，中国共产党人对生态环境问题的认识也经历了从简单的植树造林和保护环境，深化到可持续发展理念的演进过程。在此过程中，中国共产党人对我国的环境保护和生态建设进行了深入的思考。

（一）将环境保护上升为基本国策，强化生态法治建设

这一时期，以邓小平同志为主要代表的中国共产党人一贯重视制度建设，强调制度问题带有根本性、全局性、稳定性和长期性，因此，邓小平主张两

[①]　张云飞、任铃：《新中国生态文明建设的历程和经验研究》，人民出版社 2020 年版，第 5 页。

手抓（一手抓建设，一手抓法制），两手都要硬，这些思想同样反映在生态环境领域。1983 年 12 月，第二次全国环境保护会议召开，根据当时我国经济基础条件较差、科学技术水平落后的现实情况，制定了"预防为主，防治结合""谁污染，谁治理"和"强化环境管理"三项环境保护工作的基本政策，环境保护被上升为基本国策，确立了环境保护工作的重要地位。与此同时，面对当时严峻的环境问题，以邓小平同志为主要代表的中国共产党人加快了环境保护法治化的进程。1978 年 3 月，五届人大一次会议通过了《中华人民共和国宪法》，首次将环境保护写入宪法，为进一步构建我国环境保护法律体系奠定了宪法基础。1979 年 9 月，《中华人民共和国环境保护法（试行）》原则通过公布试行，标志着中国的环境保护工作逐渐走上了法治化的轨道。1983 年，第二次全国环境保护会议明确提出环境保护是我国的一项基本国策，把环境保护看作关系社会经济发展全局的重要问题，使其成为与计划生育国策并行的两大基本国策之一。1988 年，李鹏指出，"环境保护工作近几年来取得了一定进展，但从总体上来看，环境污染和生态破坏还很严重，环境保护工作的任务还很艰巨。必须从我国的国情出发，坚持经济建设、城乡建设和环境建设同步规划、同步实施和同步发展"①。1989 年 12 月将《中华人民共和国环境保护法（试行）》上升为国家正式法律，标志着环境保护法律正式建立，为我国环境保护事业开展提供了法律保障。在他的推动下，我国在改革开放前 15 年内就建立了较为系统的生态环境保护法制体系，构建了环境保护的"八项制度"：环境影响评价制度、城市环境综合整治定量考核制度、"三同时"制度、排污收费制度、环境保护目标责任制度、排污许可制度、限期治理制度、污染集中控制制度。

（二）环境保护与工业经济的同步进行

20 世纪八九十年代是我国工业经济迅猛发展的时期。如何正确处理发展生产与环境保护之间的关系成为我国工业化建设的重要命题。中国共产

---

① 中共中央文献研究室编：《十三大以来重要文献选编》上，人民出版社 1991 年版，第 173 页。

党很早就意识到产品质量低劣、物资消耗高等影响国民经济发展的重要问题，因此，党的十三大报告特别提到"靠消耗大量资源来发展经济，是没有出路的"，并于 1979 年提出要持久深入地开展大规模的群众性的增产节约运动。1988 年通过了《关于 1988 年国民经济和社会发展计划草案的报告》，进一步提出了"双增双节"运动的工作重点，为今后解决经济发展和资源环境之间的矛盾提供了重要的指导方针。同时，党的十三大报告还重点指出，人口控制、环境保护和生态平衡是关系经济和社会发展全局的重要问题。在推进经济建设的同时，要大力保护和合理利用各种自然资源，努力开展对环境污染的综合治理，加强生态环境的保护，把经济效益、社会效益和环境效益很好地结合起来。为此，一方面，污染防治工作初步展开，实行"预防为主、防治结合、综合治理"的方针，提出了防止污染转嫁的重要生态思想；另一方面，通过积极发展科学技术保护生态环境，将"节约能源和原材料消耗""减少和避免环境污染和生态破坏"作为今后一个时期科学技术发展的重要内容，并初步建立起环保产业，以实现低消耗、轻污染和高效益。

（三）环境保护与农业生产的协同发展

这一时期，针对我国农业人口比重大、耗能多、农村能源基础设施落后、浪费严重等问题，我国开始倡导开发和利用新能源，建设生态农业。1981 年国务院制定的《关于在国民经济调整时期加强环境保护工作的决定》，要求必须"合理地开发和利用资源"，认为"保护环境是全国人民根本利益所在"。1982 年，党的十二大又提出关于控制人口增长、加强能源开发与节约能源消耗等生态文明建设观点。党的十三大指出，我国仍面临着"人口多，底子薄，人均国民生产总值仍居于世界后列"的客观事实情况，在提出的解决方案中首次提出经济要从粗放型经营逐步转变到以集约型经营为主。[①] 这一时期，通过在农村积极开展生态建设，倡导使用清洁能源，转变能源消费观念，调整

---

① 赵曼：《中国共产党生态文明建设思想的历史逻辑》，《人民论坛》2016 年第 12 期。

能源消费结构，改善了农村的生态环境，为农业生产提供了良好的生态环境，走出了一条适合我国国情的农业现代化道路。

（四）由"环境保护"向"可持续发展"过渡推进

随着国际社会对全球资源环境保护的普遍关注，特别是 1992 年在巴西召开的联合国环境与发展大会和以可持续发展为基础制定的《21 世纪议程》，对中国环境保护建设起到了积极的推动作用，这一时期的环境保护工作也开始由单纯地强调"环境保护"向"可持续发展"阶段过渡推进（1993—2002年）。1993 年国务院第十六次常务会通过了《中国 21 世纪议程——中国 21 世纪人口、环境与发展白皮书》，可持续发展的思想开始进入中国的政治议程，并成为引导中国经济社会发展的重要战略思想。1995 年江泽民在《正确处理社会主义现代化建设中的若干重大关系》一文明确指出，"在现代化建设中，必须把实现可持续发展作为一个重大战略"[1]。在十五大报告中，江泽民再次强调，"必须把实现可持续发展作为一项重大的战略方针"，同时对可持续发展作了进一步的解释："可持续发展，就是既要考虑当前发展的需要，又要考虑未来发展的需要，不要以牺牲后代人的利益为代价来满足当代人的利益。"[2]并在 2002 年人口资源环境工作座谈会上指出"环境保护工作，是实现经济社会可持续发展的基础"[3]。至此，不仅确立了中国可持续发展的基本内容和发展目标，而且也为科学发展观和新时代中国特色社会主义生态文明思想的提出奠定了思想基础。

总之，尽管从 1978 年到 2002 年，我国改革开放和现代化建设处在起步阶段，但环境保护问题已经被纳入现代化发展格局当中，并作为重大战略问题被提出。这一阶段，我国人口资源环境协调发展取得了初步成效，不仅为可持续发展战略的实施奠定了扎实基础，而且为今天建设美丽中国、推进绿

---

① 国家环境保护总局、中共中央文献研究室编：《新时期环境保护重要文献选编》，中央文献出版社、中国环境科学出版社 2001 年版，第 288 页。

② 《江泽民文选》第一卷，人民出版社 2006 年版，第 518 页。

③ 《江泽民文选》第三卷，人民出版社 2006 年版，第 465 页。

色发展、实现中华民族的永续发展提供了理论指导，标志着中国特色社会主义生态文明思想逐步形成。

三、2003—2011 年：确立生态文明
建设的原则、理念和目标

进入 21 世纪，我国在环境保护和生态文明建设上取得了较大成效，但是经济发展迅速、人口基数庞大、生态系统脆弱等现实问题依然存在。以胡锦涛同志为主要代表的中国共产党人坚持以科学发展观为指导，吸收了历届领导集体关于生态文明建设的实践经验，把生态文明建设作为坚持和发展中国特色社会主义的根本要求，提出了科学发展观、"生态文明"的概念等，将生态文明建设理论和实践演进推向了新的高度，使之呈现出理论化、体系化、法制化、科学化的特征。

（一）树立和落实科学发展观

发展观是一定时期经济与社会发展的需求在思想观念层面的聚焦和反映，是一个国家在发展进程中对发展及怎样发展的总的和系统的看法，伴随经济社会的发展进程而不断完善。2003 年 3 月，朱镕基在第十届全国人民代表大会第一次会议上所作的政府工作报告中，开始提出"循环经济"的理念，为转变经济发展方式提供了方向。同年 10 月，党的十六届三中全会通过的《中共中央关于完善社会主义市场经济体制若干问题的决定》，首次完整地提出了"坚持以人为本，树立全面、协调、可持续的"[1] 的科学发展观。在科学发展观的指导下，2004 年，温家宝首次提出了"建设资源节约型和生态保护型社会"的理念，从社会整体发展和建构的角度提升了人们对节约资源理念的认识，为最终提出"环境友好型社会"奠定了基础。2007 年，党的十七大报告对科

---

[1] 中共中央研究室编：《十六大以来重要文献选编》上，中央文献出版社 2005 年版，第 465 页。

学发展观的内涵又作了科学界定："科学发展观，第一要义是发展，核心是以人为本，基本要求是全面协调可持续，根本方法是统筹兼顾。"① 可以说，这是中国共产党把握中国特色社会主义建设规律的又一重要理论成果，进一步丰富和发展了中国共产党生态文明理论，是中国共产党执政兴国理念的新发展。

（二）明确生态文明建设的内涵和目标

党的十七大报告首次将建设生态文明作为"实现全面建设小康社会奋斗目标的新要求"，提出"建设生态文明，基本形成节约能源资源和保护生态环境的产业结构、增长方式、消费模式。循环经济形成较大规模，可再生能源比重显著上升。主要污染物排放得到有效控制，生态环境质量明显改善。生态文明观念在全社会牢固树立"②。由此，明确了生态文明建设的内涵和任务，并初步形成了以经济、政治、文化、社会和生态文明建设为主要内容的全面建设小康社会的目标。在此基础上，建设生态文明的理论和实践探索不断深化，并体现在党和国家领导人的一系列重要讲话中。2008 年 9 月，胡锦涛提出了"全面推进社会主义经济建设、政治建设、文化建设、社会建设以及生态文明建设"③ 的重要论断。可见，这一时期"生态文明"概念的提出，体现了党对生态环境问题的认识升华和理论创新，也标志着建设生态文明的理念开始全方位地进入中国政治生活和国家战略，为党的十八大提出"五位一体"总体布局和发展战略奠定了基础。④

（三）提出构建社会主义和谐社会的重大战略任务

党的十六大以来，我们党对新时期我国经济社会发展的阶段性特征、面临的矛盾和挑战始终保持着清醒的认识，不断探索适应时代需要、应对新的挑战，

---

① 胡锦涛：《高举中国特色社会主义伟大旗帜　为夺取全面建设小康社会新胜利而奋斗——在中国共产党第十七次全国代表大会上的报告》，人民出版社 2007 年版，第 15 页。

② 中共中央文献研究室编：《十七大以来重要文献选编》上，中央文献出版社 2009 年版，第 16 页。

③ 同上书，第 570 页。

④ 赵成：《从环境保护、可持续发展到生态文明建设》，《思想理论教育》2014 年第 4 期。

创立了具有中国特色的和谐发展理论，并在发展中逐步形成了完整的思想体系。2004 年，党的十六届四中全会提出了构建"社会主义和谐社会"的命题。2005 年 2 月 19 日，胡锦涛在省部级主要领导干部"提高构建社会主义和谐社会能力"专题研讨班上进一步指出，"我们所要建设的社会主义和谐社会，应该是民主法治、公平正义、诚信友爱、充满活力、安定有序、人与自然和谐相处的社会"①。同时，系统明确地提出了构建社会主义和谐社会的十大工作任务，涵盖了促进社会更加和谐的主要领域和方面。其中，"人与自然和谐相处"是社会主义和谐社会在人与自然关系上的真实体现，要求我们必须学会保护环境、合理开发和利用自然，确保生态系统与社会系统的协调发展。具体来说，就是要实现"生产发展，生活富裕，生态良好"，这是社会主义和谐社会的生态规定和生态追求。2006 年 10 月，党的十六届六中全会作出的《中共中央关于构建社会主义和谐社会若干重大问题的决定》，系统阐述了我们党构建社会主义和谐社会的指导思想、目标任务和原则，确立了完整的社会主义和谐社会建设工作体系，这是我们党关于构建社会主义和谐社会理论探索的重大成果。②

总之，自党的十六届三中全会第一次提出科学发展观，十七大正式提出建设生态文明，十八大报告将生态文明建设纳入社会主义现代化建设总体布局之后，我们党对生态文明建设的认识和实践发生了质的变化，上升到一个全新的高度。

四、2012 年至今：开创社会主义生态文明建设新时代

党的十八大以来，以习近平同志为核心的党中央站在全局和战略的高度，深刻回答了推进生态文明建设面临的一系列重大理论和现实问题，形成了科学完整的生态文明建设理论体系。

① 中共中央宣传部理论局编：《理论热点面对面》，人民出版社、学习出版社 2005 年版，第 224 页。

② 陈光金：《论构建社会主义和谐社会的探索与成就》，《福建行政学院学报》2012 年第 5 期。

（一）提出新时代生态文明建设的新理念

发展理念是否对头，从根本上决定着发展成效乃至成败。[①] 党的十八大以来，面对我国社会进入战略转型期、重大机遇期和攻坚克难期的新趋势新机遇和新矛盾新挑战，以习近平同志为核心的党中央以高度的理论自觉，深刻把握新时代人与自然关系的新形势新矛盾新特征，生态环境保护的理念也实现了从过去的借鉴到原创性引领的历史性飞跃，彰显了指导中国社会健康、协调发展的"中国智慧"。

第一，提出绿色发展理念。绿色发展理念作为新发展理念的重要组成部分，实现了发展理念的深刻变革。从党的十八大报告提出建设"美丽中国"的目标以来，习近平总书记曾在多个场合对绿色发展理念进行了阐述。诸如"推进绿色发展、循环发展、低碳发展""科学布局生产空间、生活空间、生态空间""环境就是民生，青山就是美丽，蓝天也是幸福，绿水青山就是金山银山"等。可以说，绿色发展理念和生态文明建设具有内在的逻辑统一性，前者是方法论，后者是内在要求。当前，我们推进生态文明建设，必须坚持绿色发展理念，把节约优先、保护优先放在突出的位置，实现经济社会发展和生态环境保护的协调统一，让人民群众在享受经济发展带来的实惠的同时，感受到生态环境的改善，从而全方位提升人民群众的幸福感和获得感。

第二，树立生态红线的观念。生态红线是国家生态安全的底线和生命线，主要涵盖了空间红线、资源消耗和环境质量红线、政策红线等方面，其目的是建立最为严格的生态保护制度，对生态功能保障、环境质量安全和自然资源利用等提出监管要求，从而实现经济效益、社会效益与生态效益的辩证统一。鉴于其在生态文明建设中的重要地位，习近平总书记在十八届中央政治局第六次集体学习时强调，必须牢固树立生态红线观念，用最严格的制度、最严密的法治保护生态环境。[②] 这就要求我们既要发展经济，又要以底线思

---

① 中共中央宣传部：《习近平总书记系列重要讲话读本》，学习出版社、人民出版社 2016 年版，第 127 页。

② 中共中央文献研究室编：《习近平关于社会主义生态文明建设论述摘编》，中央文献出版社 2017 年版，第 99 页。

维牢牢守住生态红线。同时，他也强调理念落实的重要性，先后提出资源环境生态红线管控、严守资源消耗上限、完成三条控制线划定工作等具体路径，为优化国土空间开发格局提供了重要的理论指导，彰显了大力推进生态文明建设的坚定意志和坚强决心。

第三，注重生态的系统思维。生态文明建设在"五位一体"总体布局、"四个全面"战略布局以及社会主义现代化强国重要目标中，都是作为一个重要的子系统存在。就生态文明建设自身而言，它又有完整的系统结构。据此，习近平总书记多次强调要坚持人与自然是一个生命共同体的思想，牢固树立系统思维。这一观念主要体现在三个方面：一是提出了"山水林田湖草是一个生命共同体"的理念。众所周知，自然界任何生物群落都不是孤立存在的，它们之间相互联系、相互依存，是紧密联系的有机链条，山、水、林、田、湖、草之间亦是如此，它们共同构成了完整的生态系统，是可持续发展的重要保障。二是提出了"尊重自然、顺应自然、保护自然"的理念。这一论述既是内涵，也是理念，从认识论、实践论的角度明确了什么是生态文明的内涵体系，同时明确了要建立一个完整的生态系统，重要前提之一是树立这一生态理念，推动形成人与自然和谐发展的现代化建设新格局。三是认为"生态保护与环境治理系统工程"是新时代中国特色社会主义生态文明思想的重要内容，应该站在政治的高度考虑二者之间的平衡发展，重视生态机制体制和法律法规的建设，扭转长期以来"唯GDP论"的政绩观等，真正实现生态保护与环境治理的协同发展。

（二）明确推进生态文明建设的新战略

党的十八大以来，以习近平同志为核心的党中央，着眼社会主义初级阶段总依据、实现社会主义现代化强国和中华民族伟大复兴总任务的有机统一，首次把生态文明建设提升至与经济、政治、文化、社会四大建设并列的高度，以"一体"来概括，纳入中国特色社会主义事业"五位一体"的总体布局，标志着中国转型期的生态文明建设进入了一个新的发展阶段。可以说，"五位一体"总体布局的构建，有原则要求，有政策安排，有举措办法，共同统一于现阶段治国理政的全过程，支撑起中国特色社会主义事业全局，聚焦于中华民族伟大复兴的目标。正是出于这样的战略初心和使命，习近平总书记提出了生态文明建设的战略定位、制度框架和构建路径。[①]

第一，明确了生态文明建设的新定位。习近平总书记强调，生态文明建设是"五位一体"总体布局中的其中一位。这一表述，一方面，表明我们党对中国特色社会主义建设规律的认识和实践都上升到了新的水平，有利于解决好生产发展和生态良好的现实困境，推动全社会形成尊重自然、顺应自然、保护自然的良好风尚。另一方面，反映出中国共产党在一以贯之的发展接力过程中，对中国特色社会主义事业总体布局的深刻认识和总体把握，极大拓展了中国特色社会主义的理论内涵。同时，这一价值定位顺应了人民群众对美好生活的新期待，承接着与人民群众密切相关的经济、政治、文化、社会、生态五大基本权益，是让小康社会从"总体"走向"全面"的政策设计和制度安排。

第二，确定了"两步走"新战略。党的十九大报告对新时代中国特色社会主义发展作出了具体战略安排，构成了新"两步走"的战略安排。具体来讲：在 2020 年全面建成小康社会的基础上，到 2035 年基本实现社会主义现代化；到 21 世纪中叶建成社会主义现代化强国。可以看出，这一战略安排遵循整体性的发展逻辑，在大力促进经济发展的同时，从社会主义现代化建设的全局出发，更着眼于社会各领域各方面的改革发展，在实现"富强民主文明和谐"现代化的基础上，增加了"美丽"的战略目标。这与中国特色社会主义事业"五位一体"总体布局的内容相统一、相对应，既是理论创新，又是战略指导，丰富了第二个百年奋斗目标的科学内涵。

第三，部署了生态文明建设的新任务。2021 年，习近平总书记在中共中央政治局第二十九次集体学习时深入分析了我国生态文明建设的新形势，从坚持不懈推动绿色低碳发展、深入打好污染防治攻坚战、提升生态系统质量和稳定性、积极推动全球可持续发展、提高生态环境治理体系和治理能力现

[①] 刘希刚、孙芬：《论习近平生态文明思想创新》，《江苏社会科学》2019 年第 3 期。

代化水平五个方面对生态文明建设重点任务作出部署。可以说，这些任务部署是对新时代中国特色社会主义生态文明思想的进一步拓展和深化，是解决我国生态环境问题的基础之策，是改善生态环境质量的有力举措，是增加优质生态环境产品供给、应对全球气候变化的重要手段，是我国作为负责任大国的责任担当，是新形势新发展阶段加强生态文明建设的重要保障，为全面推进生态文明建设、加强生态环境保护提供了方向指引和根本遵循。

（三）形成人与自然和谐共生的新方略

党的十九大报告中强调"我们要建设的现代化是人与自然和谐共生的现代化"①。这是我们党对新时代生态文明建设作出的新规划、制定的新方略，科学回答了"建设什么样的生态文明"这一重大问题，构成了新时代中国特色社会主义生态文明思想的价值立足点和出发点。

第一，形成了生态文明建设的新话语。党的十八大以来，以习近平同志为核心的党中央高度重视生态文明建设，以通俗易懂的"大白话"、直面问题的"逆耳话"、还原本色的"真心话"阐释了推进生态文明建设的执政理念，建构起与新时代历史阶段相适应的经典生态文明话语体系，发出了中国声音。② 其中，"我们在生态环境方面欠账太多了""像对待生命一样对待生态环境""发展不能断送了子孙的后路""给子孙后代留下天蓝、地绿、水净的美好家园""让老百姓吃得放心、住得安心""小康全面不全面，生态环境质量是关键""再也不能以国内生产总值增长率来论英雄""构建人类命运共同体"等贴近实际、充满哲理的经典论断，已成为人民群众入脑入心、耳熟能详的生态"金句"。这些重要论述，话语质朴、文风朴实，有利于更全面、更立体、更深刻地把握新时代中国特色社会主义生态文明思想的主体框架。

---

① 习近平：《决胜全面建成小康社会　夺取新时代中国特色社会主义伟大胜利——在中国共产党第十九次全国代表大会上的报告》，《人民日报》2017年10月28日。

② 华启和：《习近平新时代中国特色社会主义生态文明建设话语体系图景》，《湖南社会科学》2018年第6期。

第二，构建了生态文明建设的新框架。2018 年召开的全国生态环境保护大会，不仅标志着新时代中国特色社会主义生态文明思想的正式确立，而且为"建设什么样的生态文明"以及"怎样建设生态文明"提供了新框架和新路径。其中提出的生态文明建设必须遵循的"六项原则"，是集生态自然观、生态经济观、生态民生观、生态系统观、生态制度观以及生态全球观为一体的科学严密的基本原则，它们之间相互影响、紧密联系，共同构成了这一思想新的内容框架和指导思想。同时，此次大会还首次提出了生态文明建设"五大体系"的表述，是对"六项原则"的具体部署，清晰描绘了将生态文明建设融入其他各项建设的基本路径，系统界定了推进生态文明建设的基本框架。

第三，完善了生态文明建设的新制度。党的十九届四中全会深刻回答了"坚持和巩固什么制度、完善和发展什么制度"这一重大政治问题。生态文明建设作为一场革命性的根本变革，必须要健全治理体系、做好制度建设、发挥制度优势。党的十八大以来，伴随着新时代经济社会的发展，我国的生态文明建设制度在发展中不断提升、在实践中逐渐完善。近年来，相继出台了多项环境保护改革方案和行政规章，并将生态文明建设通过宪法上升为国家意志，真正构建生态文明制度的"四梁八柱"①，实现了中国特色社会主义生态文明建设制度的创新。这些具体举措为满足人民群众对美好生活的新期待和推进国家生态治理体系建设提供了制度保障，体现了我们党积极探索生态文明建设规律的理论自觉和制度自信。

总之，党的十八大以来，习近平总书记从人类文明演进的高度把握生态文明，提出和论述了一系列适应新时代、富有创新性的生态文明建设新理念新思想新战略，既有目标原则、任务部署，也有思想方法、实践路径，逐步形成了新时代中国特色社会主义生态文明思想，体现出理论联系实际、实际反哺理论、理论再指导实践的螺旋上升的理论特征。

----

① 《习近平谈治国理政》第二卷，外文出版社 2017 年版，第 393 页。

　　溯源新时代中国特色社会主义生态文明思想的发展历程，它的产生和发展不是一蹴而就的。它是历届中央领导集体带领中国人民在社会主义建设过程中不断探索和总结，不断经受实践检验而逐步发展和确立起来的，是实现人与自然和谐相处所取得的有益理论成果。本章总结梳理了具有不同时代特征的各个阶段的生态文明思想，体现了多年来在环境保护与可持续发展方面取得成果的理论升华过程。这一历史发展过程拓展了人们对人类文明进程的认识，丰富了马克思主义生态观的理论内涵，彰显了对社会发展规律的深刻把握，对我国当前的生态文明建设具有重要的启示。

　　总体而言，新时代中国特色社会主义生态文明思想的发展历程可分为环境保护工作开始起步，人口资源环境基本国策的确立，可持续发展战略的实施，生态文明建设的原则、理念和目标的提出，开创社会主义生态文明建设新时代等历史阶段。

　　第一阶段，1949—1977年：环境保护工作开始起步。新中国成立初期，我国开始了环境保护和治理，开展水利建设、林业建设，并开始参与世界环境保护工作。毛泽东继承和发展了马克思主义人与自然和谐相处的生态思想，"绿化祖国"口号的提出标志着中国共产党生态文明思想的萌芽和对生态环境问题的初步探索。

　　第二阶段，1978—2002年：从人口资源环境基本国策的确立到可持续发展战略的实施。改革开放后，环境保护走入立法，我国环境保护法律体系逐步完善。邓小平进一步继承和发展了马克思主义生态观，提出"经济发展与保护环境并重"的辩证统一思想，环境保护工作被上升为基本国策。江泽民提出的可持续发展理念和促进"人与自然和谐发展"理念，标志着中国共产党生态文明思想的进一步深化。

　　第三阶段，2003—2011年：确立生态文明建设的原则、理念和目标。21世纪后，我国提出了坚持以人为本，全面、协调、可持续发展的"科学发展观"，在践行科学发展观的过程中大力推进生态文明建设，努力建设资源节约型、环境友好型社会，成功探索出一条社会主义生态现代化的可行路径。这是中国共产党对马克思主义生态思想理论创新的重大成果，开启了中国共产党生态文明建设思想发展的新篇章。

第四阶段，2012 年至今：开创社会主义生态文明建设新时代。党的十八大以来，以习近平同志为核心的党中央就生态文明建设的战略地位、根本方法、治理对策等重大问题发表重要论述，作出了重大部署。党的十八大把生态文明建设纳入中国特色社会主义"五位一体"总体布局；党的十九大首次将"美丽中国"作为 21 世纪中叶建成富强民主文明和谐美丽的社会主义现代化强国的重要目标，党的十九届五中全会提出"经济社会发展全面绿色转型"。

回顾整个发展历程可以看到，中国共产党始终是我国环境保护和生态文明建设事业的领导力量，并且正在推动我国生态文明建设迈上新的历史台阶。深入研究和总结这一过程，追本溯源、探寻历史轨迹，可以为建设美丽中国、构建人与自然和谐共生的现代化提供指引和借鉴。

第六章　新时代中国特色社会主义
生态文明思想的理论体系

　　"每一时代的理论思维，从而我们时代的理论思维，都是一种历史的产物，在不同的时代具有非常不同的形式，并因而具有非常不同的内容。"[1] 新时代中国特色社会主义生态文明思想正是如此。这一思想扎根新时代生态文明建设的具体实践，对人和自然、社会，实践、制度和文化，历史、现实和未来等问题进行了本质性思考，构建起了内容丰富、逻辑严密的科学理论体系。同时，它有着科学性与价值性相统一、继承性与创新性相统一、理论性与实践性相统一、时代性与开放性相统一的基本特征，深刻体现了坚持马克思主义与发展马克思主义的辩证统一。本章从马克思主义哲学的角度出发，对新时代中国特色社会主义生态文明思想的体系特征进行系统归纳和科学解读。

一、多维思路：新时代中国特色社会主义
生态文明思想的基本构成

　　以什么样的思路审视和把握生态环境问题，决定了我们以什么样的态度

---

① 《马克思恩格斯全集》第 20 卷，人民出版社 1971 年版，第 382 页。

和力度推进生态文明建设。① 党的十八大以来，以习近平同志为核心的党中央把生态文明建设作为新时代中国特色社会主义事业"五位一体"总体布局的重要内容予以高度重视，在生态文明建设战略目标、生态与经济的关系、生态与民生的关系、推进生态文明制度建设等方面提出了一系列新理念新思想新战略，彰显了我们党对生态文明建设的高度自觉。从有关生态文明建设的一系列论述可以看出，价值定位、基本目标、主题主线、全球视野，共同构成了新时代中国特色社会主义生态文明思想的基本方面，形成了一个科学完整、逻辑严密、融会贯通的思想体系。

（一）"人类文明发展新形态"的价值定位

习近平总书记在庆祝中国共产党成立100周年大会上的重要讲话中指出，"我们坚持和发展中国特色社会主义，推动物质文明、政治文明、精神文明、社会文明、生态文明协调发展，创造了中国式现代化新道路，创造了人类文明新形态"②。作为"人类文明新形态"重要构成的生态文明，"是人类社会进步的重大成果，是工业文明发展到一定阶段的产物"③，极大地丰富扩展了人类文明新形态的深刻内涵。新时代中国特色社会主义生态文明思想作为人类文明新形态的共同财富，关乎社会文明的兴衰变迁，关乎社会主义现代化强国的建设，关乎中华民族伟大复兴中国梦的实现。

1. 关乎"生态兴则文明兴"的社会文明兴衰变迁

文明的存在和发展依赖于生态。早在2003年，习近平就在《生态兴则文明兴——推进生态建设打造"绿色浙江"》一文中，对人与自然的关系作出了"生态兴则文明兴，生态衰则文明衰"的重要论断，并指出"社会文明进步的重要标志"之一就是生态文明的进步。这一"文明兴衰论"是对人与自然关系的高度概括，表明习近平对文明兴衰的发展规律有了更深层次的认识，实

---

① 慎海雄主编：《习近平改革开放思想研究》，人民出版社2018年版，第248页。

② 习近平：《在庆祝中国共产党成立100周年大会上的讲话》，《求是》2021年第14期。

③ 中共中央文献研究室编：《习近平关于社会主义生态文明建设论述摘编》，中央文献出版社2017年版，第5页。

现了马克思主义生态观的与时俱进，有助于我们把握生态文明建设在人类发展进程中的历史定位。

其一，"生态文明兴衰论"辩证地思考人与自然的关系，是与历史唯物主义相一致的。马克思主义始终认为，人类和人类社会都是属于自然界、存在于自然之中的。人类本身就是自然的产物，是靠自然而存活的。可以说，生态文明建设的本质内涵既不是简单地对工业文明的颠覆，更不是对原始文明和农业文明的回归，而是能够正确认识和运用自然规律，在哲学观念、发展模式和制度文化上体现出人与自然、人与人和谐共生、全面发展的基本宗旨和价值取向，从而在自然环境承载能力范围内，推进生产发展、生活富裕、生态良好的文明社会建设。

其二，"生态文明兴衰论"与中华传统文化中的生态智慧一脉相承。中国传统文化中蕴含的天人合一、道法自然等哲学智慧，诸如"万物各得其和以生，各得其养以成"的生态自然观；"数罟不入洿池，鱼鳖不可胜食也；斧斤以时入山林，材木不可胜用也"的生态平衡观；"劝君莫打三春鸟，子在巢中望母归"的生态伦理观。这些睿智朴素的观点强调了人与自然的和谐发展，对于当今向自然无限索取、物欲膨胀的人类具有深刻的警示和启迪作用。

总之，文明史观范畴关于生态文明运行规律"兴衰论"的提出，体现了党和国家领导人对生态文明与人类社会关系的辩证思考，不仅是对人与自然关系的高度概括和全新解读，而且体现出新时代中国共产党人对于人类文明发展规律的理性审视和准确把握。

2. 关乎社会主义现代化强国的建设

从历史维度来看，我国关于社会主义建设的目标，历经了20世纪60年代提出的实现社会主义"四个现代化"的发展目标；1987年党的十三大报告提出的"为把我国建设成为富强、民主、文明的社会主义现代化国家而奋斗"的目标；2007年党的十七大报告确定的"建设富强民主文明和谐的社会主义现代化国家"的目标；2017年的党的十九大报告提出的"建设富强民主文明和谐美丽的社会主义现代化强国"的奋斗目标，在强调"富强民主文明和谐"的同时增加了"美丽"一词，即生态之美、发展之美、治理之美。

这一目标的显著变化，为我国的发展提出了新的目标，赋予了新的时代内涵，体现出我国社会主义建设目标与内涵的不断发展和完善，表明"美丽中国"与"现代化强国"具有内在关联性，是实现社会主义现代化强国的关键步骤之一。进一步说，在中国特色社会主义新时代，这一目标层层递进、不断拓展，使"五位一体"总体布局与社会主义现代化建设目标的对接更加精准，人民美好生活的内容也进一步丰富，体现出人民群众对美好生态的新期待，彰显出自然的人化和人的自然化的辩证统一，有助于生态环境治理和早日实现中华民族伟大复兴。基于此，习近平总书记先后提出了"小康全面不全面，生态环境质量是关键""建设生态文明，关系人民福祉，关乎民族未来""必须树立和践行绿水青山就是金山银山的理念"等一系列科学论断。这些论断进一步突出了生态文明建设对实现社会主义现代化强国的重要意义。

3. 关乎中华民族伟大复兴中国梦的实现

实现中华民族伟大复兴的中国梦是一个整体性的概念，涉及方方面面。具体来讲，其是以"国家富强、民族振兴、人民幸福"为基本内涵，以历史发展的眼光、时代变迁的足迹、文明兴衰的规律为主要内容，探求新时代中华民族发展历史镜鉴、人民幸福精神血脉起源、中华民族复兴根本力量的思想内核、机制基石和行动指南。在生态文明贵阳国际论坛上，习近平总书记强调："走向生态文明新时代，建设美丽中国，是实现中华民族伟大复兴的中国梦的重要内容。"① 这一首次将"美丽中国"表述为"中国梦"的论断，表明实现中国梦是中国各族人民的共同愿景，生态文明是中国梦实现道路上不可或缺的重要组成部分。换言之，中国梦的实现，需要一种从价值到文化、从经济到政治的全面创新与全方位探索。在这个探索过程中，如果生态文明建设搞不好，势必会成为实现这一奋斗目标的掣肘，影响中华民族伟大复兴中国梦的实现。据此，要将生态文明置于实现中华民族伟大复兴的历史进程中进行考察。

一方面，只有建设生态文明，才能突破民族复兴的生态约束。当前中国面临较为严峻的生态问题，其中资源约束、市场约束、资本约束等成为制约

---

① 《习近平谈治国理政》第一卷，外文出版社 2018 年版，第 211 页。

中国可持续发展的重要因素，而生态约束是中华民族伟大复兴最刚性的约束。另一方面，只有建设生态文明，才能保证民族复兴的生态空间。伴随着国内污染排放空间日趋紧缩和对外出口规模的逐渐扩大，要想进一步拓展中国发展的战略空间和生态空间，唯一的路径就是推进生态文明建设。可以说，在实现中华民族伟大复兴中国梦的进程中，生态文明建设是基础。没有良好的生态环境，就没有永续发展，更谈不上伟大复兴。因此，要站在推进中华民族伟大复兴的高度，全面把握新时代中国特色社会主义生态文明思想的时代内涵。

总之，党的十八大以来，党和国家领导人就生态文明与社会主义关系提出了很多崭新的科学论断，诸如上述内容所言，这一思想关乎社会文明的兴衰变迁，关乎建设社会主义现代化强国，关乎中华民族伟大复兴中国梦的实现。可以说，这一思想为建设美丽中国和实现中华民族永续发展提供了理论支撑。

（二）"坚持人与自然和谐共生"的基本目标

以什么样的视野和思路去部署发展战略，解决生态问题，与持有什么样的发展理念密切相关。党的十八大以来，习近平总书记多次强调要"坚持人与自然和谐共生"，不断促进人与自然的和谐发展，这一理念为深入理解和把握新时代中国特色社会主义生态文明思想提供了必要支撑。

众所周知，在人类历史发展过程中，人与自然处于一个辩证互动过程中的不可分割的系统，人与自然的关系始终是人类永恒的主题。历史地看，这一关系的演进历程可以分为"天定胜人""人定胜天"以及"人与自然和谐共生"三个阶段。党的十八大以来，习近平总书记深刻认识到"天定胜人""人定胜天"理念存在的不足，针对人与自然的关系，提出了"人与自然和谐共生"的理念，并逐渐成为新时代中国特色社会主义生态文明思想的重要构成。这一理念强调的是人在改造自然的过程中需要尊重自然、顺应自然、保护自然，特别需要指出的是，尊重自然，就是要"努力形成尊重自然、热爱自然、善待自然的良好氛围"，并以人与自然和谐共生的理念来认识事物，这为生态文明建设提供了一定的思想基础；顺应自然，就是要时刻重视和遵循自然发展规律，顺势而为，并合理改造自然、利用自然资源，"因天材，就地利"，从而实现人与自然的和谐相处；保护自然，则指的是对待自然要"严格保护、合理开发、持续利用"，遵循"节约优先、保护优先、自然恢复为主的方针"，最终实现人类的可持续发展，为生态文明建设提供理念保障，把青山绿水留给子孙后代。

总之，以"尊重自然、顺应自然、保护自然"为核心的"人与自然和谐共生"理念的提出，具有广泛的价值意蕴，是新一代中国共产党领导集体为解决生态危机而作出的理性选择，展现了自然辩证法的生态视野，体现了马克思主义生态自然观的科学要求，对于正确处理人与人、人与自然、人与社会之间的关系具有一定的指导意义。

（三）"坚持生态优先、绿色发展"的主题主线

随着中国特色社会主义进入新时代，人民的美好生活需要日益广泛，对生态环境提出了更高的要求。面对当前生态环境危机和经济发展困境的双重挑战，以习近平同志为核心的党中央基于自然规律和现实发展的需要，顺应生态文明建设的形势变化，为推动经济高质量发展，提出了"走生态优先、绿色发展之路"的论断，创造性地将生态优先和绿色发展结合起来，在生态保护中寻求发展路径，以绿色发展作为生态保护的支撑，为可持续发展指明了方向。这一论断贯穿于新时代中国特色社会主义生态文明思想，构成了这一思想的主题主线，并在实践中得到有效落实。

一方面，这一论断体现了生态理性优于增长理性的发展思路。党的十八大报告就曾提出"坚持节约优先、保护优先、自然恢复为主的方针"，这一论述突出了生态优先的原则，致力于让良好的生态环境成为人民群众生活的增长点，与"坚持节约资源和保护环境"的基本国策具有内在一致性。随后，习近平总书记多次提出关于生态优先的理念，诸如要"像保护眼睛一样保护生态环境"[①]，

---

① 中共中央文献研究室编：《习近平关于全面建成小康社会论述摘编》，中央文献出版社 2016 年版，第 183 页。

形成"节约资源和保护环境的空间格局、产业格局"，"探索以生态优先、绿色发展为导向的高质量发展新路子"①。同时，他还将生态优先原则从理论层面推向实践层面，明确提出了"筑牢生态安全屏障，坚持保护优先、自然恢复为主"的科学论断，使生态文明建设更具可操作性和系统性，成为现阶段走向生态文明新时代的理论遵循和实践指导。

另一方面，体现了绿色发展是实现高质量发展的根本路径。党的十八大报告要求着力推进"绿色发展、循环发展、低碳发展"；党的十八届五中全会将绿色发展作为五大发展理念的重要组成部分，提升到了国家战略的层面；党的十九大报告将"推进绿色发展"作为建设美丽中国的基本要求之一，并从绿色经济体系、绿色技术创新体系等方面阐明了绿色发展的重要内容；党的十九届四中全会进一步明确提出要"更加自觉地推动绿色循环低碳发展"②。这些论断突破了传统以经济效益为核心的单一发展思路，更加关注经济、环境与社会的协调发展，这不仅是生态文明建设新趋势的迫切需要，也是探索环境保护新路径、提高人民福祉的内在要求。

由此可以看出，生态优先、绿色发展是实现人与自然和谐共生的重要基石，二者相辅相成，生态优先为绿色发展创造条件，绿色发展为生态优先提供支撑。基于此，我们不能走进"经济发展必然破坏生态环境，生态保护必然影响经济发展"的误区，而是要以生态优先原则为指导，将生态优势转化为发展优势，走高质量的绿色发展之路。

（四）"构建人类命运共同体"的全球视野

新时代中国特色社会主义生态文明思想，不仅是基于国内生态文明建设若干问题的理论体系，更是以负责任的大国形象致力于全球生态治理的"中国方案"，体现出高屋建瓴的世界眼光和全球思维。本节主要从角色定位、治

---

① 《习近平在参加内蒙古代表团审议时强调：保持加强生态文明建设的战略定力守护好祖国北疆这道亮丽风景线》，央视网，2019 年 3 月 5 日。

② 《中共中央关于坚持和完善中国特色社会主义制度　推进国家治理体系和治理能力现代化若干重大问题的决定》，《人民日报》2019 年 11 月 6 日。

理理念、中国方案等角度，阐释中国是"全球生态文明建设的重要引领者"，必须遵循"共商共建共享"的治理理念，并致力于"构建人类命运共同体"。这些新的角色定位、治理理念和中国方案，是以习近平同志为核心的党中央推进生态文明建设、践行绿色发展智慧、提升现代化治理能力等在国际领域的充分展现，也是新时代中国特色社会主义生态文明思想的重要内容。

1."全球生态文明建设的重要引领者"的角色定位

生态问题是目前全人类最大的共同议题，并逐渐超越经济与发展位居人类三大问题之首。近年来，中国越来越重视生态保护，和世界各国的合作交流也越来越多，逐渐"成为全球生态文明建设的重要参与者、贡献者、引领者"。这里突出的两点在于：一是"全球生态文明建设"；二是"成为全球生态文明建设的引领者"。这一表述体现出中国在全球生态治理中的角色从被动参与转变为主动引领，这一国际角色定位的新变化，不仅体现了中国在全球领域的重要贡献，更是我国坚定走和平发展道路战略抉择的理性宣言和文化自信。

一方面，我国大力推进生态文明实践探索，并积极引领全球生态环境治理。诸如针对发展过程中的生态环境危机，中国积极引领绿色发展实践，通过大力实施大气、水、土壤污染防治三大行动计划，推行绿色低碳循环发展经济体系，构建清洁低碳能源体系等，使我国生态环境出现势头向好的趋势，其中河北塞罕坝林场建设者获得联合国环保最高荣誉"地球卫士奖"，彰显了生态文明建设的中国智慧。这些举措不仅成为中国生态文明建设的基本指南，也将作为"中国方案"有力地推动全球可持续发展进程。另一方面，中国作为一个负责任的发展中国家，在全球气候治理中发挥着举足轻重的作用，充分展现了大国担当。诸如共同维护应对全球气候变化的《巴黎协定》，为全球气候治理提供了中国经验；积极主动承担减排承诺，在《强化应对气候变化行动——中国国家自主贡献》中提出将于2030年前后使二氧化碳排放达到峰值并争取尽早实现，并表示2016—2030年将投入30万亿元实现维护生态安全的目标；帮助发展中国家减排，包括设立"南南合作援助基金"，继续增加对最不发达国家的投资，设立国际发展知识中心等。

综上可知，虽然中国的生态文明建设正处于解决突出环境问题的攻坚期，但我们仍然以最大决心和最积极态度逐渐从全球生态文明建设的参与者变成引领者，以领导者的姿态引领全球生态治理。

2."共商共建共享"的全球治理理念

全球治理体制的变革离不开正确理念的引领。改革效果不佳，很多深层次结构性问题没有得到有效解决，归根到底与理念引领不足有关。面对全球化、多极化的国际形势，各国需要加强经济、政治、文化、生态、安全等领域的利益协调和合作，尤其要加快改革完善全球治理体制，树立"共商共建共享"的全球治理理念。

2015 年 10 月 12 日，习近平总书记在十八届中共中央政治局第二十七次集体学习时，首次提出了全球治理理念创新的问题，并指出要弘扬"共商共建共享"的全球治理理念。在党的十九大报告中，习近平总书记进一步强调，"中国秉持共商共建共享的全球治理观"[①]。这些论述表明中国正积极致力于全球环境治理体系改革和建设，为全球生态文明建设不断贡献中国智慧和中国方案。可以说，"共商共建共享"的全球治理理念强调社会治理的社会性、公平性，体现出当前社会治理现代化的基本特征。其中，共商，即全球所有参与治理方面共同协商、深化交流，达成政治共识、寻求共同利益，这是全球治理的前提基础；共建，顾名思义，即各国共同参与、通力合作，形成利益共同体，一同应对全球化生态危机，这是构建人类命运共同体的必要条件；共享，即各国平等发展、共同分享，让全球治理体制和格局的成果更多地惠及全球各个参与方，构建相互理解、相互包容的发展格局和共享机制，这是全球治理的思想文化基础。

总之，"共商共建共享"的全球治理理念是符合当前历史阶段发展趋势的重要理念，赋予了全球生态治理新的生命力。这既是对全球治理理念和主张的系统总结和高度提炼，也是对中国新时代外交思想的丰富与发展；既体现了中国在推动全球治理中的大国担当，也为中国积极参与全球生态治理指明

---

① 习近平：《决胜全面建成小康社会　夺取新时代中国特色社会主义伟大胜利——在中国共产党第十九次全国代表大会上的报告》，《人民日报》2017 年 10 月 28 日。

了道路。

3."构建人类命运共同体"的中国方案

"我们所处的是一个充满挑战的时代,也是一个充满希望的时代。"①当前,百年变局和世纪疫情交织叠加,世界进入动荡变革期,不稳定性不确定性显著上升。人类社会面临的治理赤字、信任赤字、发展赤字、和平赤字有增无减,实现普遍安全、促进共同发展依然任重道远。同时,世界多极化趋势没有根本改变,经济全球化展现出新的韧性,维护多边主义、加强沟通协作的呼声更加强烈。"人类社会应该向何处去?我们应该为子孙后代创造一个什么样的未来?"②如何适应时代变化,构建与世界各国的关系,不仅影响中国前途,而且关乎世界未来,没有哪个国家可以置身事外。这是考验人类智慧的重大命题。构建人类命运共同体,这是中国给出的答案。

党的十八大以来,以习近平同志为核心的党中央统筹国内国际两个大局,将中国发展与世界发展协调起来,将中国人民的利益同世界各国人民的共同利益联系在一起,呼吁各国人民心连心、手牵手,共同推进构建人类命运共同体。事实上,2012年,党的十八大报告已明确提出"合作共赢,就要倡导人类命运共同体意识";2013年3月,习近平主席在莫斯科国际关系学院演讲时也明确指出了"这个世界,各国相互联系、相互依存的程度空前加深……越来越成为你中有我、我中有你的命运共同体"③的全球发展理念。2015年,在以"携手构建合作共赢新伙伴,同心打造人类命运共同体"为主题的第70届联合国大会一般性辩论中,习近平主席进一步指出,"我们要继承和弘扬联合国宪章的宗旨和原则……打造人类命运共同体"④。2017年,在联合国日内瓦总部演讲时,习近平主席进一步提出了"构建人类命运共同体,实现共赢共享"的中国方案。同时,他从马克思主义实践观的角度强调,构建人类命

---

① 习近平:《同舟共济克时艰,命运与共创未来——在博鳌亚洲论坛2021年年会开幕式上的视频主旨演讲》,新华网,2021年4月20日。

② 同上。

③《习近平谈治国理政》第一卷,外文出版社2018年版,第272页。

④《习近平谈治国理政》第二卷,外文出版社2017年版,第522页。

运共同体，关键在行动。① 2021 年，习近平主席在博鳌亚洲论坛年会开幕式上的视频主旨演讲中强调："要平等协商，开创共赢共享的未来"；"要开放创新，开创发展繁荣的未来"；"要同舟共济，开创健康安全的未来"；"要坚守正义，开创互尊互鉴的未来"。② 可以说，从理论上看，构建人类命运共同体重大战略思想是新时代中国特色社会主义生态文明思想的重要组成部分；从实践上看，推动构建人类命运共同体已经和中华民族伟大复兴一样，成为中国特色社会主义现代化建设的目标，标志着中国特色社会主义进入新时代的人类命运共同体由理念到理论，内涵不断丰富深刻；由愿景到倡议，成效明显；由双边到多边，认可范围不断扩展。

上述理论和实践充分表明，习近平总书记提出的"构建人类命运共同体"的理念，是新时代中国特色社会主义生态文明思想在全球思维层面的核心组成部分，体现了共产党人不懈追求的历史使命，是世界人民对美好生活的共同追求，是积极探索应对全球生态危机的可行路径，更是中国站在世界和平与发展的战略高度思考"世界怎么了、我们怎么办"的解决方案，为破解人类共同的生态难题提供了理念基础和思想指导。

二、核心观点：新时代中国特色社会主义生态文明思想的理论内核

党的十八大以来，习近平总书记创造性地把马克思主义基本原理同当代中国具体实践有机结合起来，对新时代生态文明建设的若干基本问题进行了系统阐述，形成了一系列新观点新举措，主要涵盖了经济发展观、科学自然观、基本民生观、严密法治观以及系统治理观等内容，高度凝练、提纲挈领的论述构成了新时代中国特色社会主义生态文明思想最核心、最重要的组成部分。

---

① 《习近平谈治国理政》第二卷，外文出版社 2017 年版，第 539—541 页。
② 习近平：《同舟共济克时艰，命运与共创未来——在博鳌亚洲论坛 2021 年年会开幕式上的视频主旨演讲》，新华网，2021 年 4 月 20 日。

（一）"绿水青山就是金山银山"的经济发展观

所谓经济发展观，是经济活动与生态保护辩证统一的生态理念。它要求在发展经济过程中要尊重自然规律、保护和爱护自然，保证人与自然物质交换的正常进行。但应该看到，人类在追逐经济与物质利益过程中，对生态环境造成了一定的污染，特别是改革开放以来，面对生态环境承载能力不强、能源资源相对不足、土壤重金属超标等突出矛盾，如何在实现经济快速增长的同时避免对环境造成破坏，一度成为我国经济社会发展的难题。

基于此，习近平总书记强调，中国的发展，特别是经济的发展，必须摒弃粗放型发展方式，探索出一条人与自然和谐相处的可持续发展道路，即科技先导型、资源节约型和生态保护型的经济发展之路。据此，习近平总书记把生态环境保护摆在更加突出的位置，提出了"我们既要绿水青山，也要金山银山。宁要绿水青山，不要金山银山，而且绿水青山就是金山银山"①的三阶段论。这一论断超越了机械生态中心主义，扬弃了人类中心主义，既揭示了人与自然、社会与自然的辩证关系，又包含着人类社会发展进程中从"金山银山"的"人为美"到"绿水青山"的"生态美"和"绿水青山就是金山银山"的"转型美"的转化，从生态维度集中体现了马克思主义政治经济学的发展。②

第一阶段，"既要绿水青山，也要金山银山"。这是对人与自然、经济与社会关系的高度概括，同时也阐释了发展经济与保护生态环境的辩证关系。正如习近平总书记所指出的，"我们追求人与自然的和谐，经济与社会的和谐，通俗地讲，就是既要绿水青山，又要金山银山"③。当前，我国社会主要矛盾已经转化为人民日益增长的美好生活需要和不平衡不充分的发展之间的矛盾。我们在追求经济增长的同时，必须充分考虑生态环境的承载力，力求在

---

① 中共中央宣传部：《习近平总书记系列重要讲话读本》，学习出版社、人民出版社 2014 年版，第 120 页。

② 潘家华、黄承梁、庄贵阳等：《指导生态文明建设的思想武器和行动指南》，《中国环境报》2018 年 5 月 21 日。

③ 习近平：《之江新语》，浙江人民出版社 2007 年版，第 153 页。

尊重自然、保护自然的基础上，"既要创造更多物质财富和精神财富以满足人民日益增长的美好生活需要，也要提供更多优质生态产品以满足人民日益增长的优美生态环境需要"。这一论断体现了中国共产党人的发展理念，强调了绿水青山与金山银山之间不是非此即彼的对立物，而是能够和谐共存、并行不悖的统一体。

第二阶段，"宁要绿水青山，不要金山银山"。当经济发展与生态环境保护之间的矛盾不断激化、人与自然之间的相对平衡状态被打破时，习近平总书记一针见血地指出："中国明确把生态环境保护摆在更加突出的位置。我们既要绿水青山，也要金山银山。宁要绿水青山，不要金山银山，而且绿水青山就是金山银山。我们绝不能以牺牲生态环境为代价换取经济的一时发展。"换句话说，当经济发展与生态保护发生冲突和矛盾时，必须坚守环境的底线，把生态建设和环境保护放在优先位置，在"保住绿水青山"的基础上实现可持续发展。2015 年，被称为史上最严的新环保法出台，按日连续处罚、造假机构承担法律责任等创新性条款，让饱受环境污染侵害的公众有了新的期待；2017 年，"必须树立和践行绿水青山就是金山银山的理念"被写进党的十九大报告；2018 年，第一批中央环保督察"回头看"，责令整改企业近 3 万家，约谈问责上万人；2020 年，"十四五"规划《建议》把"生态文明建设实现新进步"作为 2035 年经济社会发展的主要目标之一。上述实践，让我们看到了壮士断腕的勇气，更看到了大国使命，是对"既要绿水青山，也要金山银山"理念的进一步深化。

第三阶段，"绿水青山就是金山银山"。这一阶段将"绿水青山"等同于"金山银山"，这是一个具有战略意义的判断，从根本上把握了人与自然动态统一的辩证关系，是习近平总书记始终倡导的社会主义生态文明理念追求。党的十八大以来，习近平总书记在不同场合对"绿水青山就是金山银山"作出深刻解读，赋予其新的时代内涵。诸如 2013 年，习近平主席在哈萨克斯坦纳扎尔巴耶夫大学演讲时指出，"我们既要绿水青山，也要金山银山，宁要绿色青山，不要金山银山，而且绿水青山就是金山银山"。随后，"坚持绿水青山就是金山银山"被写进了中央文件《关于加快推进生态文明建设的意见》；

"必须树立和践行绿水青山就是金山银山的理念"被写进党的十九大报告；"增强绿水青山就是金山银山的意识"被写进新修订的《中国共产党章程》；"绿水青山就是金山银山"成为新时代中国特色社会主义生态文明思想的六项重要原则之一。总之，"绿水青山就是金山银山"的理念是"既要金山银山，也要绿水青山"和"宁要绿水青山，不要金山银山"理论的辩证统一，体现了马克思主义理论发展的新高度，是中国特色社会主义理论的重大创新。

上述三个阶段，深刻体现了经济增长方式转变的过程、人与自然关系趋于和谐的过程，是新时代中国特色社会主义生态文明思想中的一个重要原则，也是一个根本性问题。如今，浙江余村从"矿山"到"青山"，从"卖石头"到"卖风景"，成为全国首个生态县，同时入选全国经济百强县。它以自身的发展实践，成为生动诠释"两山论"理念的典型样本。正如2020年3月习近平总书记再次考察浙江余村时强调的一样："'绿水青山就是金山银山'理念已经成为全党全社会的共识和行动，成为新发展理念的重要组成部分。实践证明，经济发展不能以破坏生态为代价，生态本身就是经济，保护生态就是发展生产力。"我们要正确看待这一递进变化过程，牢固树立和践行绿水青山就是金山银山的理念，让绿色产业和绿色经济成为我国经济发展的"新常态"，从而推动我国由经济大国向经济强国迈进。①

（二）"环境就是生产力"的科学自然观

党的十八大以来，习近平总书记在明确"保护生态环境就是保护生产力"的基础上，进一步提出了"改善生态环境就是发展生产力"的科学论断。这一创造性论述，深刻阐明了生态环境保护与生产力发展的辩证关系，揭示了环境保护的本质内涵和最终价值目标，为马克思主义的生产力理论注入了新的时代内涵，成为关系中国未来经济发展全局的理念集合体，立体化地构筑了新时代中国特色社会主义生态文明思想的科学自然观。

---

① 黄承梁：《以人类纪元史观范畴拓展生态文明认识新视野——深入学习习近平总书记"金山银山"与"绿水青山"论》，《自然辩证法研究》2015年第2期。

　　具体来讲，生产力是人们顺应自然、改造社会的能力。人们对生产力的认识是不断深化的。在人类社会发展过程中，生产力的内涵已不断深化，外延也呈现不断拓展的趋势；同时，生产关系和上层建筑也不断变化，同生产力之间的关系日益复杂。习近平总书记"生态环境就是生产力"的科学论断，要求我们在实践中必须高度重视生态环境对生产力发展的决定性作用，把保护和改善生态环境作为生态文明建设的重点，在尊重自然、顺应自然的基础上，充分发挥人的主观能动性，在加大生态环境保护力度的同时，努力改善生态环境质量，不断提高生态生产力。这是因为，一方面，生产力的发展离不开外部生态环境，生态环境是影响生产力结构、布局和规模的一个决定性因素，它直接关系生产力系统的运行和效益；另一方面，利用良好的生态环境，可以在保护的基础之上因地制宜地发展绿色产业，使生态优势转变为经济优势。总之，我们只有克服牺牲环境以求发展这种破坏生产力的对立思维，更加重视生态环境这一生产力的关键要素，正确处理好生态环境和生产力之间的辩证关系，才能逐渐转变经济发展方式、调整能源结构、改变不合理的生活方式，走上绿色发展之路。

　　上述关于"保护生态环境就是发展生产力"的科学自然观，深刻指明了生态文明建设与经济发展之间是一种相互依存、相互促进的关系，为我们全面理解生产力内涵、促进生产力发展提供了新的理论角度，也极大丰富和拓展了马克思主义生产力理论的内涵，揭示出生态环境保护的生产力本质属性。

（三）"良好的生态环境是最普惠的民生福祉"的基本民生观

　　基本民生观是指人们在进行生态民生建设过程中不断积累而形成的智慧理论结晶，是关于解决生态问题的一系列观点和论述的综合。[1] 历史唯物主义认为，人民群众是历史的创造者，是推动社会制度变革、发展人类社会的决定性力量。事实上，无论是发展经济还是保护环境，都要以实现人民群众的根本利益为出发点和落脚点。换言之，检验一切工作的成效，要看人民群众

---

① 李阳：《中国共产党生态民生思想研究》，辽宁工业大学硕士学位论文，2018年。

的生活是否真正得到了改善，这是坚持立党为公、执政为民的本质要求，是党和人民事业不断发展的重要保证。

有鉴于此，党的十八大以来，以习近平同志为核心的党中央将生态文明建设贯穿于"五位一体"总体布局全过程，从马克思主义立场和党全心全意为人民服务的宗旨出发，顺应人民群众对"盼环保"的热切期待，提出了"良好生态环境是最公平的公共产品，是最普惠的民生福祉"①的重要论断。这实际上是强调要从民生改善与人民福祉的角度去改善生态环境。

这一论断一方面表明，良好的生态环境是民生福祉的基础。人因自然而生，人类的生存离不开生态环境，也没有任何可以替代的公共产品，用之不觉，失之难存。可以说，生态环境质量直接决定着民生质量，改善生态环境就是改善民生，破坏生态环境就是破坏民生。习近平总书记强调，"要把生态环境保护放在更加突出位置，像保护眼睛一样保护生态环境，像对待生命一样对待生态环境"，就是因为生态环境是人类生存最为基础的条件，是我国持续发展最为重要的基础。因此，必须让人民群众在良好的生态环境中生产生活，让良好生态环境成为人民群众生活质量的增长点。另一方面，保护生态环境就是增进民生福祉。"民之所好好之，民之所恶恶之"，推动经济社会发展，归根结底是为了不断满足人民群众对美好生活的需要；而在人民群众对美好生活的需要中，人民日益增长的优美生态环境需要是其中一项重要的诉求。当前，生态环境问题已经成为实现美丽中国的突出短板，扭转环境恶化、提高环境质量是广大人民群众的热切期盼。从这个意义上来讲，大力推进生态文明建设，提供更多优质生态产品，不断为人民解决生态环境问题，就是在积极回应人民群众的所想、所盼和所急。

毋庸置疑，推动生态文明建设，已成为关系人民福祉、关乎民族未来的长远大计。这一关于生态保护和民生福祉的重要论断是党全心全意为人民服务根本宗旨在生态文明建设中的体现和延伸，出发点就在于不断改善人民群众的生态环境，保证人民群众获得更好的生存质量和发展条件，最终实现人

---

① 《中共中央国务院关于加快推进生态文明建设的意见》，人民出版社 2015 年版，第 13 页。

的自由全面发展。从这一层面来讲，新时代中国特色社会主义生态文明思想与马克思恩格斯生态文明理论中"以人为本"的价值取向是一致的，是在新的历史条件下对民生与生态关系的深刻思考，并构成了新时代中国特色社会主义生态文明思想的核心要义。

（四）"最严格的制度和最严密的法治"的严密法治观

"经国序民，正其制度。"一个国家的治理与制度是否健全密切相关，建设生态文明也是如此。作为一场深刻的根本性变革，渐趋完善而稳定的制度体系与法治体系是推进生态文明建设的重要制度保障。但客观上来看，目前我国生态文明建设一定程度上还存在着与经济社会发展和生态文明建设不相适应、不相协调的一些突出问题，究其原因大多与生态立法理念滞后、生态执法力度不够、司法体制不完备等有关。这些问题严重制约了生态文明建设的高质量发展。要想解决上述突出问题，必须高度重视制度、法治建设在生态文明建设中的硬约束作用，使生态文明建设由政治理念、战略部署逐渐走向贯彻执行，着力破解制约生态文明建设的体制机制障碍。

20 世纪 80 年代初，邓小平在《党和国家领导制度的改革》中提出，"制度问题更带有根本性、全局性、稳定性和长期性"①。正是由于制度问题和法治问题的根本性、全局性、稳定性和长期性特征，党的十八大以来，以习近平同志为核心的党中央高度重视生态文明制度建设，多次提出要把生态文明建设纳入制度化、法治化轨道，充分显示出我国国家制度和法律制度的显著优越性和强大生命力。特别是党的十九大以来，在全国生态环境保护大会上，习近平总书记进一步指出，必须坚持"用最严格制度最严密法治保护生态环境"②。面对新时代的新环境问题，我国先后制定和修改了环境保护法、环境保护税法以及大气、水、土壤污染防治法和核安全法等法律，并将环境污染和生态破坏界定入罪标准。特别是党的十九届四中全会对"坚持和

---

① 《邓小平文选》第二卷，人民出版社 1994 年版，第 333 页。
② 张云飞：《坚持用最严格制度最严密法治保护生态环境》，《先锋》2018 年第 9 期。

完善生态文明制度体系，促进人与自然和谐共生"作出系统安排，将坚持和完善生态文明制度体系作为其中的重要组成部分，更加明确了推进生态文明制度体系建设的重要任务，为加快健全以生态环境治理体系和治理能力现代化为保障的制度体系提供了方向指引和根本遵循，开启了"中国之治"的生态文明制度建设新篇章。这些理论逻辑一脉相承，目标指向一以贯之，集中到一起，共同构成了新时代中国特色社会主义生态文明思想的核心内容。

具体来讲，一是强调制度建设要系统全面。习近平总书记对生态文明建设制度的论述，系统全面，内涵丰富，囊括了生态文明从源头、过程到后果的全过程（"源头严防、过程严管、后果严惩"），覆盖了经济、社会、环境的方方面面，涉及党政领导干部、企业、个人多元主体，具有很强的系统性、整体性和协同性。二是突出制度"最严"的特征。习近平总书记反复强调，在生态环境保护问题上，绝不能越雷池一步。这一论述切中了当前环境保护中有法不依、执法不严、违法不究等现象，明确了生态文明制度这一"牛鼻子"的重要地位。三是强调生态文明制度重在落实。"天下之事，不难于立法，而难于法之必行"。习近平总书记始终高度重视生态文明建设制度的落实、落地问题。他多次强调，生态文明建设是利国利民、功及子孙的重要战略任务，基于当下经济社会发展阶段和科学技术发展水平，想要缓解甚至从根本上解决生态环境突出问题，确保生态环境阈值底线不被突破，就必须使各项制度更具有刚性约束力，得到有效实施和执行。

（五）"山水林田湖草就是生命共同体"的系统治理观

系统思维是马克思主义自然观和方法论的重要构成部分，为生态环境的系统治理提供了科学的自然观和方法论基础。恩格斯指出："关于自然界所有过程都处在一种系统联系中的认识，推动科学到处从个别部分和整体上去证明这种系统联系。"① 习近平总书记高度重视系统思维，就山水林田湖草等各要素对生态系统的重要性多次作出论述，由此形成的系统治理观成为新时代

---

① 《马克思恩格斯文集》第 9 卷，人民出版社 2009 年版，第 40 页。

中国特色社会主义生态文明思想的重要构成。诸如在 2013 年党的十八届三中全会上指出，"我们要认识到，山水林田湖是一个生命共同体"①。随后，2016 年 10 月在财政部第三部门联合印发的《关于推进山水林田湖生态保护修复工作的通知》中，对各地生态保护修复提出了明确要求。2017 年 8 月，中央全面深化改革领导小组第三十七次会议又将"草"纳入山水林田湖同一个生命共同体，在原来的"山水林田湖"后加了一个"草"字，变成"山水林田湖草"，突出"草"在全球生态系统中的基础地位，是马克思主义认识论的一个重大飞跃，更符合生态系统的实际。在此基础上，党的十九大报告又从实践层面提出"统筹山水林田湖草系统治理"的重要方法论，进一步唤醒了人民群众尊重自然、顺应自然、保护自然的生态意识和情感。可以说，统筹山水林田湖草系统治理的"生命共同体"蕴含着深刻的系统思维，不仅构成了新时代中国特色社会主义生态文明思想的核心内容，而且为破解生态环境难题提供了根本遵循。

　　上述关于"山水林田湖草就是生命共同体"系统治理的重要论述，主要可以从对象、主体和路径等方面来理解。从对象上看，系统治理要统筹山水林田湖草的治理，山水林田湖草之间是互为依存又相互激发活力的复杂关系，并有机地构成生命共同体，它们通过相互作用达到一个相对稳定的平衡状态。如果其中某一成分变化过于剧烈，就会引起一系列的连锁反应，使生态平衡遭到破坏。从主体上看，系统治理要统筹发挥政府、企业、社会、公众的作用，形成协同合力治理机制，以共建共治共享为格局，动员和组织全社会共同行动，建设人人有责、人人尽责、人人享有的社会治理共同体。从路径上看，系统治理要综合运用多种治理手段。中国特色社会主义进入新时代，我们要始终遵循"生命共同体"的科学理念及其内在规律，按照生态系统的整体性、系统性，提高发展的平衡性和协调性，统筹兼顾、整体施策、多措并举，按照自然、社会和人类有机统一的系统工程的方式方法推进生态

---

　　① 《中国共产党第十八届中央委员会第三次全体会议文件汇编》，人民出版社 2013 年版，第 111 页。

文明建设。①

进一步而言，"生命共同体"的理念科学界定了人与自然之间的内在联系，明确了人与自然通过物质变换而构成了有机系统和生态系统，蕴含着重要的生态哲学思想，进一步丰富和发展了马克思主义的人化自然观、系统自然观和生态自然观，成为当代中国推进生态文明建设的理论基础和重要方法论。

三、理论特质：新时代中国特色社会主义 生态文明思想的基本特征

任何一个时代的伟大思想，都是那个时代社会生活和人们精神的写照，也必然体现那个时代的时代精神和实践特征，新时代中国特色社会主义生态文明思想也不例外。研究和探讨新时代中国特色社会主义生态文明思想的理论品质，有助于从科学角度深化对这一重大思想的理论认识和价值判断，更好地把握其精神实质，从而更好地将其转化为实践活动。基于此，本节将从科学性与价值性相统一、继承性与创新性相统一、理论性与实践性相统一、时代性与开放性相统一等层面入手，对这一思想的理论特质展开探讨。

（一）科学性与价值性相统一

众所周知，科学标准与价值标准是人类社会发展过程中的两个重要标准。作为新时代推进生态文明建设的理论体系和行动指南，新时代中国特色社会主义生态文明思想正确反映了我国生态文明建设事业的时代特征和内在本质，反映出这一思想认识上的科学性以及特定的价值取向。简言之，新时代中国特色社会主义生态文明思想在合规律性和合目的性上实现了科学性与价值性的统一。其中，科学性是其价值性的理论前提，价值性是科学性的理论旨归，二者的有机结合，使得这一思想展现出科学的力量和价值的魅力。

---

① 李佐军：《生态文明在十九大报告中被提升为千年大计》，《经济参考报》2017 年 10 月 23 日。

1. 严密的科学性

所谓科学性，是指力求反映事物的真实面目，揭示客观事物的发展规律，科学回答的是事物"是什么"的问题。具体到新时代中国特色社会主义生态文明思想，科学性是这一思想的首要理论特质，体现了我们党对共产党执政规律、社会主义建设规律以及人类社会发展规律的深刻认识。

一是这一思想作为最系统的生态文明理论体系和话语体系，进一步深化了对中国共产党执政规律的认识。问题总是会随着实践的推进而不断出现，针对目前生态文明建设过程中存在的问题，习近平总书记明确指出，"生态环境质量持续改善，出现稳中向好趋势，但成效并不稳固"，整体处于"三期叠加"的阶段。这一论述是对我国当前生态文明建设趋势的清醒认识和科学判断，是科学理解生态文明内涵的根本依据，充分体现了这一思想的科学性，标志着我们党对执政规律的认识进入了一个新阶段，为进一步推进生态文明建设指明了方向。

二是深化了对社会主义建设规律的认识。党的十八大报告提出包括生态文明建设在内的"五位一体"总体布局，有助于将生态文明建设"融入"经济富裕、政治稳定、文化繁荣、社会进步的发展全局中整体推进，是重大的理论和实践创新，体现了我们党对社会主义建设规律的全面认识和深刻总结，标志着党对中国特色社会主义科学内涵和现代化建设目标的认识达到了一个新高度。

三是深化了对人类社会发展规律的认识。党的十八大以来，习近平总书记立足人类社会发展趋势，创新性地指出了生态文明是人类文明发展的必然趋势，揭示了"生态兴则文明兴，生态衰则文明衰"的历史发展规律，科学回答了人与自然之间的辩证关系。同时，面向未来提出构建人类命运共同体、建设清洁美丽的世界、树立全球化生态安全观等全球理念。上述论述都体现出这一思想深邃的辩证思维，是遵循规律性的强大思想武器。

2. 丰富的价值性

价值性是主体根据需要和客体的属性而赋予客体的某种特殊的意义，回答的是客体属性对满足主体需要有什么用的问题。新时代中国特色社会主义生态文明思想作为生态文明理论的最新成果，从顶层设计、历史定位、实践路径、价值引领等多个方面分别强调了生态文明建设的重要性和关键性，在理论和实践角度都有着重要价值，处处体现着价值性的理论特质。

一是深刻回答了生态文明建设的价值引领问题，阐明了生态文明建设的重要意义。诸如在认识来源方面，习近平总书记指出，"要清醒认识保护生态环境、治理环境污染的紧迫性和艰巨性，清醒认识加强生态文明建设的重要性和必要性"①，这一论述揭示了生态文明建设的重要性和必要性，即认识来源问题。在历史使命方面，习近平总书记坚持人民主体地位、顺应人民意愿，在"坚持以人民为中心"的核心政治价值中推进生态文明建设，提出"环境就是民生""良好的生态环境是最公平的公共产品，是最普惠的民生福祉"等新民生政绩观，体现了中国共产党的历史使命和执政理念。在政治价值方面，习近平总书记用"两个决不"，即"决不以牺牲环境为代价去换取一时的经济增长、决不走先污染后治理的路子"，表明了党和国家加强生态文明建设的坚定意志和坚强决心，具有很强的政治性、战略性和指导性。

二是深刻回答了生态文明建设的重大战略问题，明确了生态文明建设的发展目标。诸如在战略地位上，习近平总书记从实现中国梦的高度指出了走向生态文明新时代的突出地位，提出"生态文明建设是关系人民福祉、关乎民族未来的根本大业，是实现中华民族伟大复兴中国梦的重要内容"②的论断，深刻揭示了生态文明建设与实现中国梦的内在一致性，凸显了党对社会主义现代化战略目标的认识。在发展目标上，将"美丽"纳入建设社会主义现代化强国的奋斗目标中，与"五位一体"总体布局相对应，进一步丰富了实现社会主义现代化强国目标的内涵。这些论断开拓了现代化发展的新境界，凸显出新时代生态文明建设的新目标，为实现人与自然和谐共生提供了行动指南。

总之，新时代中国特色社会主义生态文明思想既尊重社会发展的客观规

---

① 《习近平谈治国理政》第一卷，外文出版社 2018 年版，第 208 页。

② 《深入领会习近平总书记重要讲话精神》上，人民出版社 2014 年版，第 265 页。

律，又尊重人民群众的主体地位，是集科学性与价值性于一体的理论体系。这一理论体系不仅体现了对生态文明建设实际问题的科学判断和科学把握，而且构成严整的有逻辑的科学理论体系；不仅展现了"环境就是民生"的价值取向，而且形成了新时代的科学价值观。正是由于具备了将科学性和价值性融为一体的优秀品质，才使得它成为新时代生态文明建设的思想武器和基本遵循。

（二）继承性与创新性相统一

理论来源于实践，又指导实践，但理论的指导不是一劳永逸的，而是要随着实践的发展而不断发展。新时代中国特色社会主义生态文明思想作为发展着的科学理论，不是教条的、一成不变的，而是不断发展变化的，是"连续性与间断性的统一"①，体现了继承性和创新性深度结合的理论特色。

1. 继承性特征

从继承的角度看，习近平总书记一贯重视从历史中汲取智慧、经验与力量。他常说，对我们共产党人来说，中国革命历史是最好的营养剂；马克思主义就是我们共产党人的"真经"。新时代中国特色社会主义生态文明思想进一步深化了中国共产党对共产党执政规律、社会主义建设规律、人类社会发展规律的认识，体现了对中国共产党生态理论与实践经验不断根、不变魂、不换血的继承。

其一，这一思想继承了中国历届共产党人对生态文明建设的探索经验。诸如继承了毛泽东主张植树造林、绿化祖国、"兼顾工农业发展"的思想；继承了邓小平坚持经济发展与生态保护相统一的辩证思维；继承了江泽民重视人口、资源、环境工作的可持续发展观；继承了胡锦涛"以人为本，全面、协调、可持续"的科学发展观等。不难看出，新时代中国特色社会主义生态文明思想的形成发展，体现了不同历史发展阶段我国共产党人在生态文明建设实践方面的艰辛探寻。这些理论成果是一脉相承、与时俱进的，开辟了马

---

① 陈先达、杨耕：《马克思主义哲学原理》，中国人民大学出版社2010年版，第125页。

克思主义在中国发展的新境界,为推进生态文明建设提供了历史支撑和科学指导。

其二,新时代中国特色社会主义生态文明思想继承了中国传统文化中的生态思想。一种新的思想要想生根发芽,就一定要跟特有的传统文化之脉接续上。党的十八大以来,习近平总书记反复强调,中国共产党要时刻坚守初心,不忘本原,推动中华5000年的优秀传统文化创造性转化和创新性发展。当前,习近平总书记关于生态文明建设的系列讲话中,正是继承和创新了中华传统文化中的生态智慧,形成了文化底蕴深厚的话语风格。诸如"尊重自然、顺应自然、保护自然"的和谐自然观体现了道家生态思想中"无为而治"的理念;"生态兴则文明兴,生态衰则文明衰"的兴衰论揭示了人与自然之间"唇亡齿寒"的利益观;严守"生态红线",保护生态安全的科学严谨态度创新了传统生态思想中的生态发展观;"宁肯不要钱,也不要污染"的生态价值观内含着"留得青山在不怕没柴烧"的朴素生存智慧;"生活方式绿色化"的绿色消费观继承了传统文化中"抑奢崇俭、量入为出"的节约美德等。可以说,我国传统文化中蕴含的生态智慧,同新时代中国特色社会主义生态文明思想一脉相承、具有内在逻辑一致性,为这一思想的形成提供了重要的文化借鉴和历史依据。

2. 创新性特征

从创新的角度看,习近平总书记很多关于生态文明建设的基本观点,不仅吸收了中华优秀传统文化中的生态智慧,而且紧密结合当今国际环境和国内发展,提出了一系列新理念新思想新战略,体现出这一思想在理论广度和理论深度上的创新。

一是理论广度的创新。新时代中国特色社会主义生态文明思想,贯通历史、现实和未来,贯通本国实践与全球治理,就生态文明与社会主义关系范畴提出了崭新的科学论断,包括生态文明建设的战略地位、战略举措、历史使命、伟大目标、实践方向等。诸如将建设生态文明作为实现"五位一体"总体布局的重要内容;作为党中央治国理政总方略"四个全面"战略布局的重要内容;作为实现中华民族伟大复兴中国梦的重要内容;作为建成富强民主文明和谐美丽的社会主义现代化强国的重要内容；首次集中提出"四个一"作为推进生态文明建设的实践方向等。可以说，这一思想从理论和实践上系统回答了关于生态文明建设的重大时代课题，实现了新时代党的思想创新和理论跃升。

二是理论深度的创新。新中国成立70多年以来，中国共产党始终高度重视生态文明建设的理论创新，善于在中国特色社会主义生态文明建设实践过程中，进行开创性的理论探索，这也是新时代中国特色社会主义生态文明思想的鲜明品格。具体而言，新时代中国特色社会主义生态文明思想既坚持了马克思主义基本原理，又对当今时代生态问题提出了新理念新思想新战略；既肯定了老祖宗，又说出了很多前人没有说过的"新话"，成为不断巩固和深化社会主义现代化新格局的政治宣言和行动指南。诸如"小康不小康，关键看老乡""像保护眼睛一样保护生态环境，像对待生命一样对待生态环境""生态治理，道阻且长，行则将至"，不能让生态文明制度成为"稻草人""纸老虎""橡皮筋"等。所有这些生态"新话"都具有深刻的思想性和指导性，是马克思主义理论合乎逻辑的发展，彰显了新时代中国特色社会主义生态文明思想的创新特质。

由此可以看出，在继承中创新、在创新中继承是新时代中国特色社会主义生态文明思想的一个显著理论特质。新时代中国特色社会主义生态文明思想与中国历届领导人关于生态文明的相关理念及理论，既一脉相承又与时俱进，贯穿着马克思主义的世界观和方法论，集中体现了马克思主义的基本立场、观点和方法，是指导我国生态文明建设的马克思主义。新时代新使命，丰富这一思想的理论特色，就是要坚持继承与创新的辩证统一，不断增强保护生态环境的理论自觉和理论自信，继续开辟生态文明建设新境界。

（三）理论性与实践性相统一

新时代产生新理论，新理论指导新实践。坚持理论和实践相统一是马克思主义的基本原则。习近平总书记指出，"把坚持马克思主义和发展马克思主义统一起来，结合新的实践不断作出新的理论创造，这是马克思主义永葆生机活力的奥妙所在"①。脱离了实践的理论是空洞的理论，脱离了理论的实践是盲目的实践。新时代中国特色社会主义生态文明思想，正是根据新的实践推出的新理论，理论创新与实践创新的紧密结合，推动着这一思想的形成和发展。

1. 理论性特征

任何思想的内在逻辑体系，总是以其深刻的理论观点作为支撑，新时代中国特色社会主义生态文明思想也不例外，它是在生态文明建设的实践中不断总结经验和创新的理论体系。从这一层面来看，新时代中国特色社会主义生态文明思想具有深刻的理论性。

就其要点而言，在新时代中国特色社会主义生态文明思想中，蕴含着关于以人民为中心的"本质论"："最普惠的民生福祉"是这一思想的核心要义，丰富和发展了马克思主义认识论，体现出深厚的民生情怀和强烈的责任担当；植根于辩证唯物主义的"方法论"："六原则""五体系"，与这一思想的科学论断、思想内涵、内在逻辑相一致，既是指导原则，也是方法论。可以说，类似上述重要的理论内容，构成了这一思想相互关联、相互支撑的理论单元。与此同时，在这些理论单元之下，又有更多的具体的战略方案，诸如"五位一体"总体布局、美丽中国、"两山论"、绿色发展理念、污染防治攻坚战、"四个一"等新论断新战略新定位，全面阐释了生态文明建设的重大意义、根本动力、方针原则、目标任务等，构成了新的执政理念和完整的理论形态，是我们党目前最为系统、最为完整、最为科学的关于生态文明建设的指导体系。

2. 实践性特征

实践是辩证唯物主义和历史唯物主义首要的、基本的观点。② 新时代中国特色社会主义生态文明思想之所以成为推进生态文明建设的指导思想和行动指南，就是因为这一思想并没有仅仅停留在理论层面，而是在实践中不断深化、创新。可以说，实践性是这一思想的核心特征，为不断推进生态文明建

---

① 习近平：《在哲学社会科学工作座谈会上的讲话》，人民出版社 2016 年版，第 13 页。

② 陈先达、杨耕：《马克思主义哲学原理》，中国人民大学出版社 2010 年版，第 2 页。

设提供了基本依据和理论支撑。

一是以考察实地作为"谋事之基"。作为新时代中国特色社会主义生态文明思想的主要创立者，党的十八大以来，习近平总书记把对生态文明建设的考察作为一项重要议程，在全国各地留下了生态考察的实践足迹。诸如 2016 年参加青海代表团审议，习近平总书记语重心长地说，"生态环境没有替代品"，要确保"一江清水向东流"。2017 年，习近平总书记参加新疆代表团审议，对生态环境保护作出突出强调，严禁"三高"项目进新疆，努力建成天蓝地绿水清的美丽新疆。2018 年 4 月，习近平总书记再次考察长江，围绕"生态优先、绿色发展"的生态目标，指出一定要实现"清洁美丽的万里长江"的美好愿景；同年 9 月，习近平总书记在东北三省实地调研，察看查干湖南湖的生态保护情况，强调"要加快绿色农业发展，坚持用养结合、综合施策，确保黑土地不减少、不退化"。2019 年 8 月，习近平总书记到祁连山考察当地的生态修复保护情况，强调"来到这里实地看一看，才能感受到祁连山生态保护的重要性"。2020 年，习近平总书记进行了 13 次地方考察，先后深入陕西、山西、吉林、湖南等地进行调查研究，并对生态文明建设作出重要阐述、提出新的要求，诸如"要让公园成为人民群众共享的绿色空间""实现'人民保护长江，长江造福人民'的良性循环"等论述，传递出坚定不移建设美丽中国的重大信号，为更好满足当代人民群众的优美生态环境需要提供了根本遵循。可以说，新时代中国特色社会主义生态文明思想的形成正是基于长期调查研究的实践成果。

二是积极开展一系列生态环境保护实践工作。作为新时代中国特色社会主义生态文明思想的主要创立者，习近平总书记的学习、工作和从政生涯都贯穿着"干在实处、走在前列"的生态实践。可以说，新时代中国特色社会主义生态文明思想的形成与习近平本人长期扎根基层、重视生态保护的具体实践是分不开的。[①] 在陕西梁家河，习近平就带领村民开展了诸如修建沼气池、

---

① 黄承梁：《论习近平生态文明思想历史自然的形成和发展》，《中国人口·资源与环境》2019 年第 12 期。

改良厕所、修筑淤地坝等一系列生态实践。在河北正定，习近平率先提出"宁肯不要钱，也不要污染"的理念，大力推动发展生态旅游业。主政福建期间，习近平提出"什么时候闽东的山都绿了，什么时候闽东就富裕了"的论断，形成了一批可供推广复制的"福建实践"试点经验，并首次将"生态环境规划"列入区域经济社会发展规划，提出构建"生态省"的战略构想。在浙江，他提出极具地域特色的地方生态实践"八八战略"，倾力打造"千村示范、万村整治工程"。这些理念和实践，深刻彰显出习近平总书记一以贯之的实践思维，为进一步推进生态文明建设提供了强大的理论支撑和实践指导。

上述源于实践的理论创新，无不彰显着习近平总书记"察实情、讲实话、务实事、求实效"的实践品质，为引领乡村振兴、建设美丽中国提供了基本遵循。

总之，新时代新使命，丰富和发展新时代中国特色社会主义生态文明思想的实践特色，就要从理论与实践相结合的角度，系统回答在社会主义初级阶段这一基本国情下"建设什么样的生态文明、怎样建设生态文明"的基本问题，不断把实现"两个一百年"奋斗目标向前推进。

（四）时代性与开放性相统一

思想理论的产生总是基于时代课题的需要。新时代中国特色社会主义生态文明思想是在生态文明建设的现实困境基础上产生，在"问题"中呈现思想，思想中蕴含着"问题"。同时，随着时代的不断变化和生态需求的不断提升，更加需要不断开放和发展的生态文明思想体系。由此可以说，新时代中国特色社会主义生态文明思想具有时代性与开放性相统一的理论特质。

1. 鲜明的时代特征

读懂一个时代需要读懂这个时代的问题，改变一个时代需要解决这个时代的问题。新时代中国特色社会主义生态文明思想，是在中国特色社会主义进入新时代、我国社会主要矛盾发生新变化、生态文明建设出现新问题的情况下形成和发展的，彰显着鲜明的时代导向，体现着马克思主义者的坚定信仰和时代使命。

　　一是深刻回答了"为什么建设生态文明"这一理论问题。问题总是伴随着实践的推进而不断出现，只有在对问题的不断追问中才能更好地解决问题。特别是中国特色社会主义进入新时代后，能否准确发现和正确分析生态文明领域的各种矛盾问题，对于进一步推进生态文明建设至关重要。基于上述考虑，党的十八大以来，习近平总书记关于生态文明建设的系列重要讲话，直面我国压力叠加、负重前行的生态困境，体现了共产党人实事求是的科学态度以及对生态实践的理性考量。诸如他曾明确强调，"从目前情况看，资源约束趋紧、环境污染严重、生态系统退化的形势依然十分严峻"[①]。"我国环境容量有限，生态系统脆弱，污染重、损失大、风险高的生态环境状况还没有根本扭转。"[②]这些论述是对当前生态环境现状作出的科学判断，不仅明确了推进生态文明建设的长期性、复杂性和艰巨性，而且反映了新时代对生态文明建设的新要求，回应了"为什么建设生态文明"的重大理论问题。

　　二是深刻回答了"怎样建设生态文明"这一实践问题。新时代中国特色社会主义生态文明思想研究思考的重大问题，涉及体制机制、经济社会发展、人民群众反映强烈的生态问题等。这些问题面广点深，是一项复杂的系统工程，必须运用辩证思维方法进行总体的谋篇布局。有鉴于此，面对"历史交汇期的生态环境问题"，习近平总书记在坚持问题导向的基础上，全面审视了如何实现经济与生态的协调发展、如何建设美丽中国、如何构建和培育生态文化、如何走好生态发展道路等现实问题，作出一系列顶层设计、制度安排和决策部署，为新时代生态文明建设提供了前进方向。诸如以绿色发展理念为实践导向，实现经济社会和生态环境齐头并进；以系统思路形成协调机制，将各类生态资源纳入统一治理框架；以"五大体系建设"为原则，为生态文明建设提供坚实保障；以"共抓大保护，不搞大开发"的思维推动长江经济带、三江源地区等重点区域的生态优先发展；尊重城镇化规律，形成节约资

---

　　① 中共中央文献研究室编：《习近平关于全面建成小康社会论述摘编》，中央文献出版社 2016 年版，第 164 页。

　　② 《习近平在全国生态环境保护大会上强调　坚决打好污染防治攻坚战　推动生态文明建设迈上新台阶》，《人民日报》2018 年 5 月 20 日。

源和保护环境的空间格局、产业结构、生产方式等，都集中反映了新时代中国特色社会主义生态文明思想鲜明的问题导向和时代意识，推动着这一思想不断创新和发展。

2. 开放性的理论特质

准确把握一定历史时期世界发展的基本态势和方向，是推进生态文明建设的重要前提。新时代中国特色社会主义生态文明思想作为严密而完整的科学体系，不是一成不变、僵化停滞的，而是面向实际、面向世界和面向未来的，是因时、因地、因条件不断发展创新的。在和平发展成为时代主题的背景下，新时代中国特色社会主义生态文明思想将生态环境保护事业放到世界大局中去思考、去实践，彰显了这一思想鲜明的开放性特质，为进一步建设清洁美丽的世界提供了强大驱动力。

一是提出丰富的全球治理理念。习近平总书记传承了"世界大同，天下一家"的优秀文化基因，始终把为人类可持续发展作出新的更大贡献作为自己的使命和担当。党的十八大以来，他站在历史和时代的战略高度，先后提出构建人类命运共同体、推进"一带一路"建设、建设清洁美丽的世界等新理念新措施，特别是在向 2019 年世界环境日全球主场活动所致贺信中，习近平总书记进一步强调，面对全球生态危机，"中国愿同各国一道，共同建设美丽地球家园，共同构建人类命运共同体"①。这些理论观点为应对全球生态危机、解决人类生态问题提供了全新选择，为世界的发展和人类的未来指明了发展方向和重要路径，也进一步彰显了中国特色社会主义的优越性和感召力，蕴含着开放的理论特质。

二是提出全球生态治理的"中国方案"。生态环境问题是全球性的问题，需要国际社会携手构建全球治理机制，共同致力于全球可持续发展。中国作为最大的发展中国家，在全球生态治理中起着举足轻重的作用，充分展现了大国担当。诸如从积极促成《联合国气候变化框架公约》，到"积极参与全球

---

① 《共谋绿色生活，共建美丽家园——在 2019 年中国北京世界园艺博览会开幕式上的讲话》，《人民日报》2019 年 4 月 29 日。

环境治理，落实减排承诺""合作应对气候变化"，到召开 G20 峰会，推动各方共同落实《2030 年可持续发展议程》《巴黎协定》等议程，再到将碳达峰、碳中和纳入生态文明建设整体布局的战略部署，中国开启了全球可持续发展的新时代，成为全球生态文明建设的重要参与者、贡献者、引领者，彰显了构建人类命运共同体、推进全球生态治理体系现代化的责任和担当。

综上可以说，习近平总书记顺应时代潮流，把握时代发展大势，既立足中国新时代的生态实践，又面向世界积极参与全球生态治理，开辟了马克思主义中国化新境界，因而新时代中国特色社会主义生态文明思想具有鲜明的时代特色和开放特色。新时代新使命，丰富这一理论特色，既要着眼于中国生态环境问题、生态治理经验，又要以全球化的视野透视全球生态问题，并有所创造和贡献。

新时代中国特色社会主义生态文明思想系统完整、逻辑严密，有着丰富的内涵和鲜明特色，是马克思主义中国化的最新理论成果。本章主要从以下三个方面对其体系特征展开研究：

一是关于新时代中国特色社会主义生态文明思想的多维思路。这一部分从社会主义生态文明新时代的历史阶段入手，着重研究和阐述了党的十八大以来习近平总书记关于生态文明建设的重要论述和系列讲话，凝练出新时代中国特色社会主义生态文明思想"人类文明发展新形态"的价值定位、"坚持人与自然和谐共生"的基本目标、"坚持生态优先、绿色发展"的主题主线、"构建人类命运共同体"的全球视野。上述内容共同构成了新时代中国特色社会主义生态文明思想的多维思路，系统揭示了这一思想的全景全貌。

二是关于新时代中国特色社会主义生态文明思想的核心观点。全国生态环境保护大会上坚持的"六项原则"，与习近平总书记关于生态文明建设的科学论断、思想内涵、内在逻辑相一致，具有深刻的思想性和指导性。有鉴于此，本章主要从"绿水青山就是金山银山"的经济发展观、"环境就是生产力"的科学自然观、"良好的生态环境是最普惠的民生福祉"的基本民生观、"最严格的制度和最严密的法治"的严密法治观、"山水林田湖草就是生命共同体"的系统治理观等方面入手，凝练并阐述这一思想的核心观点。特别需要阐明的是，每章的标题基本上都是从习近平总书记关于生态文明建设的重要讲话中提炼挖掘出来的。上述内容在逻辑上相辅相成、层层递进，既是科学的思想指南，又是根本的行动纲领，集中体现了新时代中国特色社会主义生态文明思想的系统性、科学性以及创新性。

三是关于新时代中国特色社会主义生态文明思想的理论特质。本节从科学性与价值性相统一、继承性与创新性相统一、理论性与实践性相统一、时代性与开放性相统一等层面入手，对这一思想的理论特质展开探讨。具体来讲，其一，论述了这一思想在合规律性和合目的性上实现了科学性与价值性的统一，体现了我们党对共产党执政规律、社会主义建设规律以及人类社会发展规律的深刻认识，回答了这一思想的重要意义、发展目标等战略问题，呈现出科学性与价值性的有机统一。其二，论述了继承性与创新性相统一的时代特征。新时代中国特色社会主义生态文明思想继承了中国历届共产党人对生态文明建设的探索经验、继承了中国传统文化中的生态智慧；同时，在理论广度和深度上实现了理论的创新，体现出既一脉相承又与时俱进的时代特征。其三，分析了理论性与实践性相统一的理论特征。这一思想提出的一系列科学观点，体现出理论的系统性、完整性、体系性；同时，并没有仅仅停留在理论层面，而是在不断的实践中深化、在深化中实践，进行了大量的实践考察、开展了一系列生态实践，体现出实践性特征。其四，总结了时代性与开放性相统一的基本特征。这一思想立足国内生态文明建设现状，深刻回答了"为什么建设生态文明""怎样建设生态文明"等理论与实践问题；同时面向世界，拓展了发展中国家走向现代化的途径，为解决人类问题贡献了中国智慧和中国方案，体现出开放性特征。总之，这些理论特色相辅相成、相互支撑、辩证统一，内在地统一于中国特色社会主义生态文明建设的伟大实践中，共同构成了新时代中国特色社会主义生态文明思想的理论内核，是辩证唯物主义和历史唯物主义世界观和方法论的属性表征。

总体来说，这些内容和特征之间相互关联、相互促进、相互支撑，具有深刻的思想性和指导性，共同规范着新时代中国特色社会主义生态文明思想的实践。同时，新时代中国特色社会主义生态文明思想作为一个辩证统一的集合体，继承和发展了马克思主义的辩证唯物主义，要求人们用不断发展变化的眼光去看待问题，这就决定了其体系特征会随着实践的发展而不断丰富扩充，随着我国生态文明建设事业不断向前推进，新时代中国特色社会主义生态文明思想必将成为更加系统科学的体系，为我们在新的历史起点上实现新的奋斗目标提供基本遵循。

第七章　新时代中国特色社会主义生态文明思想的价值意蕴

　　习近平总书记在哲学社会科学工作座谈会上指出，"这是一个需要理论而且一定能够产生理论的时代，这是一个需要思想而且一定能够产生思想的时代"①。新时代中国特色社会主义生态文明思想，是中国特色社会主义进入新时代继续深入推进生态文明建设的指导思想。该思想明确了经济发展"为了谁"的价值追求，回答了什么样的生产方式能够将"绿水青山"变为"金山银山"，彰显了"人类命运共同体"的伟大情怀，推动了一系列关于生态文明建设的理论创新与实践破题。这一思想作为一个系统完整、逻辑严密的科学体系，具有极其重要的历史地位，这是全党全国人民的共识，也是需要我们高度重视、深入认识、准确把握的重要理论和重大现实问题。我们要在科学归纳总结的基础上对其进行必要的理论提炼和概括，力争通过对这一思想的大力弘扬，充分彰显其在当前我国社会主义现代化建设进程中的积极意义。通过审视考量，结合我国生态文明建设实践，可以发现，从价值层面来看，新时代中国特色社会主义生态文明思想的价值意蕴主要体现在以下方面。

---

　　①　习近平：《在哲学社会科学工作座谈会上的讲话》，人民出版社 2016 年版，第 8 页。

一、理论价值：建构了中国化生态文明思想的分析范式

马克思恩格斯关于人与自然关系的理论，为解决人与自然之间的矛盾，实现人的自由全面发展提供了理论基础和精神支撑。以习近平同志为核心的党中央对生态文明建设作出的一系列科学概括和理论总结，既包含着丰富的新理念新思想新战略，又贯穿着科学的思维方法，深刻体现了对马克思主义生态文明思想的自觉运用和真正实践。

（一）丰富了辩证唯物主义和历史唯物主义的新内涵

辩证唯物主义和历史唯物主义作为马克思主义哲学的重要组成部分，是中国共产党人应该遵循的世界观和方法论。习近平总书记指出，"必须不断接受马克思主义哲学智慧的滋养"[①]。新时代中国特色社会主义生态文明思想作为发展创新马克思主义的典范，将马克思主义哲学的创造性运用提升到了一个新的境界，赋予了辩证唯物主义和历史唯物主义新的时代内涵。

一方面，新时代中国特色社会主义生态文明思想继承了辩证唯物主义。辩证唯物主义是马克思主义世界观和方法论的集中体现。现阶段，以习近平同志为核心的党中央对生态文明建设作出了顶层设计和总体部署，标志着生态文明思想的纵深发展，呈现出对辩证唯物主义的创造性运用。一是体现了人与自然的物质变换关系。习近平总书记多次强调，"保护生态环境就是保护生产力，改善生态环境就是发展生产力"，这一"保护"和"改善"生态环境的辩证思维，体现了自然生产力与社会生产力之间均衡协调发展的重要内涵，以及经济社会发展模式转变中的可操作性，丰富和发展了马克思主义理论。二是体现了唯物辩证法关于事物之间相互联系、辩证统一的基本原理。针对建设生态文明的具体路径，习近平总书记提出了"山水林田湖草是一个生命

[①]　习近平：《辩证唯物主义是中国共产党人的世界观和方法论》，《求是》2019年第1期。

共同体"的系统思路，如科学布局生产空间、生活空间、生态空间，广泛开展环境综合治理，多管齐下解决突出的生态环境问题，加强部门统筹和协同等，形成了一整套行之有效的方法论体系，赋予了辩证唯物主义新的时代内涵。

另一方面，新时代中国特色社会主义生态文明思想发展了历史唯物主义。历史唯物主义是关于人类社会发展普遍规律的科学，新时代中国特色社会主义生态文明思想始终贯穿着这一立场观点。具体来讲，一是体现了实事求是的哲学思维。面对人类社会发展的生态困境，习近平总书记指出，必须牢固树立"尊重自然、顺应自然、保护自然"的生态文明理念，要求我们在尊重自然规律的基础上，充分发挥主观能动性，实现人与自然的和谐共生，体现了一切从实际出发、实事求是的哲学理念。二是揭示了人类社会发展的一般规律。历史唯物主义要求我们，要尊重客观规律认识各种社会现象，这是社会发展的本质关系和必然趋势。习近平总书记提出的"生态兴则文明兴，生态衰则文明衰"的论断，内含着尊重社会发展规律和自然规律的辩证观点，是文明史观范畴的生态文明运行规律，体现了历史唯物主义在人类文明发展中的创造性应用。三是坚持以人民为中心的哲学观点。历史唯物主义认为，人民群众是历史的创造者，是社会变革的决定力量。基于此，习近平总书记始终把"人民群众对美好生活的向往"当作党和国家推进生态文明建设的奋斗目标，这是马克思主义群众路线在新时代的真正体现。这一系列科学论断，都在新的历史条件下赋予了历史唯物主义新的时代内涵，是党高度理论自觉和理论自信的根本体现。

（二）拓宽了当代中国马克思主义生态文明理论的新体系

改革开放40多年来，马克思主义中国化成果丰硕，先后形成了一系列重大理论成果，且处于不断创新发展的过程。从马克思主义发展史的历程看，新时代中国特色社会主义生态文明思想，把我国历届中国共产党人不同历史时期对生态文明建设的不懈追求、探索和创新进行了自觉整合和吸纳，而且在继承的同时，对马克思主义中国化的生态文明理论成果进行进一步创新，引领了社会历史变革，不断开辟了当代中国马克思主义新境界。

　　一方面，新时代中国特色社会主义生态文明思想体现了对中国化生态文明思想的创新发展。新中国成立至今，对于如何建设社会主义，我们党和国家没有现成的道路和经验可以借鉴，唯有不断探索、实践和总结。新时代中国特色社会主义生态文明思想也是如此，是基于我们党长期探索生态环境问题的历史经验，是在理性把握生态文明本质内涵、社会主义属性以及生态文明建设规律的基础上形成的。具体来说，我们党在新中国成立初期形成的生态保护理念为推进生态文明建设奠定了良好的实践基础。[①] 改革开放以来，我国的生态文明建设经历了一个循序渐进、螺旋上升的演进过程，且这个过程随着实践的发展而逐步深化、不断完善。其中，以邓小平同志为主要代表的中国共产党人，将保护生态环境上升为基本国策，同时，制定并颁布了诸如森林法、水法、环境保护法等，为生态环境保护提供了强有力的法律保障。以江泽民同志为主要代表的中国共产党人，坚持可持续发展，提出建设资源节约型、环境友好型社会，并提出退耕还林、绿化美化祖国、西部大开发等生态实践，使生态文明建设的地位和作用日益凸显。新世纪新阶段，以胡锦涛同志为主要代表的中国共产党人，坚持以人为本，提出了科学发展观。党的十八大以来，以习近平同志为核心的党中央就生态文明建设作出了一系列重要论述，进一步创新了马克思主义生态文明思想。

　　另一方面，新时代中国特色社会主义生态文明思想传承了中国传统文化中的生态智慧。习近平总书记曾指出，"中国优秀传统文化，可以为治国理政提供有益启示，也可以为道德建设提供有益启发"[②]。在对中国传统生态文化的理论挖掘中我们发现，儒家主张的"天人合一"，道家主张的"道法自然"，佛家主张的"众生平等"等生态智慧，无不蕴含着人与自然和谐、统一、共生的生态理念。这些论述既体现了中国传统文化的生态智慧，又为当今社会解决生态危机提供了重要启示和宝贵经验。有鉴于此，习近平总书记将新时代中国特色社会主义生态文明思想同中国传统文化中蕴含的生态智慧有机结

---

① 赵曼：《中国共产党生态文明建设思想的历史逻辑》，《人民论坛》2016 年第 12 期。

② 习近平：《从延续民族文化血脉中开拓前进　推进各种文明交流互融互学互鉴》，《浙江日报》2014 年 9 月 25 日。

合起来，提出诸如"绿水青山就是金山银山"的论断，与古代"采菊东篱下，悠然见南山"的传统价值追求相契合，体现了人们对美好生态的期待和追求；"生态优先、绿色发展"的发展原则，强调要在发展中保护，在保护中发展，是"人法地，地法天，天法道，道法自然"的古代朴素唯物主义思想在当代的创新发展，塑造了人与自然和谐共生的生态文化价值观；"节约优先、保护优先、自然恢复"的基本方针，与我国古代传统文化中"取之以时、取之有度"的思想相一致；"构建人类命运共同体，实现共赢共享"的中国方案，与中华优秀传统文化中"天人合一""天下为公""协和万邦"的政治愿景具有密切的联系，都是致力于以合作、共赢为核心的可持续发展。可以说，以上这些科学论断，体现了习近平总书记对人类文明形态发展规律的宏观把握，既符合我国基本国情，也体现出博大精深的中国传统文化的哲学基因，为实现人与自然和谐共生提供了根本遵循。

（三）开辟了科学社会主义的新境界

中国特色社会主义作为科学社会主义在中国的新形态，与科学社会主义既一脉相承又与时俱进，离开了科学社会主义，中国特色社会主义就变成了无源之水、无本之木。改革开放40多年来，我国生态环境总体在持续改善，但生态环境形势依然严峻，可持续发展任务更为紧迫。针对于此，党的十八大以来，习近平总书记坚持问题导向和战略思维，不断推进生态文明建设的理论创新和实践探索，由此形成了生态文明思想。作为科学社会主义基本原理与中国具体国情相结合的科学理论，这一思想开拓了中国特色社会主义发展的新视野。

一方面，这一思想丰富和发展了中国特色社会主义的科学内涵。新时代中国特色社会主义生态文明思想内涵丰富、逻辑严密，我们可以从科学社会主义的形成过程中来考察其理论与实践发展的历史必然性和科学真理性。具体来讲，从党的十八大报告将生态文明建设纳入"五位一体"总体布局，到党的十八届五中全会首次提出绿色发展理念，到党的十九大报告指出要坚定走生产发展、生活富裕、生态良好的文明发展道路，再到党的十九届六中全会提出的生态文明建设是关乎中华民族永续发展的根本大计等。这些新论断新举措新部署把科学社会主义推向了新的发展阶段，是党与时俱进、理论创新的新时代证明。

另一方面，这一思想进一步丰富了中国特色社会主义的发展领域结构、建设领域结构和文明领域结构。无论是革命、建设还是改革，都有一个布局问题。党的十八大报告指出，中国特色社会主义总体布局是包括生态文明建设在内的"五位一体"，这一完整的战略构架构成了中国特色社会主义事业相互联系、相互补充、不可分割的整体。进一步讲，它们之间协调发展、共同推进。其中，要坚持以经济建设为中心，推动我国经济持续发展，为生态文明建设奠定坚实的物质基础；要坚持党的领导、人民当家作主和依法治国相统一，建设社会主义民主政治，为生态文明建设提供良好的政治保障；要坚持为人民服务的方向，增强文化自信，建设文化强国，为生态文明建设提供浓厚的文化氛围；坚持公平正义，构建社会主义和谐社会，为生态文明建设创造良好的社会环境。所有这些，成为推动我国生态文明建设迈上新台阶的根本动力，标志着党在社会主义初级阶段搭建起建设生态文明的完整战略架构。

总之，上述关于生态文明建设的理论观点，进一步丰富和发展了科学社会主义基本原理，彰显了科学社会主义的鲜活生命力，把科学社会主义推向了一个新的发展阶段。

二、实践价值：打造了新时代
生态文明建设的实践遵循

众所周知，伟大的理论创新必然引领实践发展，也必然要接受实践的检验，并在指导实践过程中彰显出一定的时代价值。新时代中国特色社会主义生态文明思想深刻阐述了建设生态文明的时代背景、发展目标、推进原则等一系列理论与实践问题，为新时代生态文明建设提供了科学的世界观和方法论指引。

（一）实现我国经济社会高质量发展的题中之义

高质量发展，实质上就是契合美好生活需要，而非单纯物质文化需要的质量第一、效益优先，全面满足人民在经济、政治、文化、社会、生态等方面日益增长的需要。这不仅是一个经济发展问题，而且是一个事关党和国家事业发展的全局性问题。[①] 习近平总书记在中共中央政治局第二十九次集体学习时强调，"建设生态文明、推动绿色低碳循环发展，不仅可以满足人民日益增长的优美生态环境需要，而且可以推动实现更高质量、更有效率、更加公平、更可持续、更为安全的发展"[②]。当前，我国经济社会发展从高速增长阶段转向高质量发展阶段，开启了全面建设社会主义现代化国家新征程。这一重大发展变化对推进生态文明建设也提出了新的要求，其中很重要的一个方面，就是要深入打好污染防治攻坚战，集中攻克老百姓身边的突出生态环境问题，让老百姓实实在在感受到生态环境质量的改善。

但同时应该看到，资源约束趋紧、环境承受力脆弱、生态系统退化的形势日益严峻，这些问题或薄弱环节已成为影响人民群众获得感和幸福感的关键因素，也是实现高质量发展的明显短板。基于此，党的十八大以来，以习近平同志为核心的党中央把"生态文明建设实现新进步"作为"十四五"时期经济社会发展的主要目标之一，把"生产发展、生态良好、生活幸福、生命健康"的"四生共赢"文明发展道路作为实现高质量发展的重要检验尺度，形成了新时代中国特色社会主义生态文明思想。这一思想作为生态价值观、认识论、实践论和方法论的总集成，从实践层面来讲，不仅是指导生态文明建设的总方针、总依据和总要求，更是实现我国经济社会高质量发展的必然要求和题中之义。

（二）引领美丽中国建设的行动指南

"美丽中国"作为生态文明建设的战略构想和目标设定，是党的十八大报告中提到的崭新话语，主要以人与自然和谐共生为基本条件、以人与社会

---

① 高培勇：《深刻认识"我国已进入高质量发展阶段"》，《光明日报》2020年8月18日。

② 习近平：《保持生态文明建设战略定力 努力建设人与自然和谐共生的现代化》，新华网，2021年5月1日。

的和谐发展为总体目标、以文明形态的整体提升为行动指南。这一战略构想不仅将生态文明建设与人民福祉、民族未来、强国建设等目标紧密联系在一起，更是将生态文明建设置于实现社会整体文明的基础地位，是新时代中国特色社会主义生态文明思想一个重要的原创性观点，对我们党的生态文明建设理论作出了重要贡献。经过多年的理论与实践探索，党的十九届六中全会将"美丽中国建设迈出重大步伐"作为新时代中国特色社会主义的伟大成就之一，勾画和承载了对国家强盛、民族兴旺、社会和谐、个人幸福的美好愿景与期盼。新时代中国特色社会主义生态文明思想作为实现生产发展、生活富裕、生态良好的文明发展道路的理论指导，不论是从观念意识形态层面，还是制度上层建筑的实践层面，都为建设美丽中国奠定了理论基础、提供了行为规则、凝聚了价值认同。

一方面，这一思想为美丽中国建设奠定了生态基础。"美丽中国"既是对蓝天白云、清水绿岸、繁星闪烁等优美环境的向往，又是对人与自然和谐相处关系的正确认识；既是实现中华民族伟大复兴中国梦的重要内容，又是其重要实践路径。新时代生态文明建设"三期叠加"的现实状况和面临的艰巨任务，使美丽中国建设成为当务之急。[①] 基于此，党的十八大以来，以习近平同志为核心的党中央始终坚持生态惠民、生态利民、生态为民的理念，开启了社会主义生态文明建设的新时代，为"美丽中国"目标的实现提供了生态基础和意识形态引领。另一方面，这一思想为建设美丽中国提供了方法论指引。当前，随着中国特色社会主义进入新时代，社会主要矛盾已经发生了变化，人民群众不仅对物质文化生活提出了更高要求，生态方面的要求也日益增长，既要温饱又要环保，既要小康更要健康，生态环境已成为人们对美好生活的新期待。习近平总书记在这一关乎"美丽中国"建设的重要部署中，除了科学完整的理论阐述，更是系统明确了生态文明建设在实践层面的逻辑内涵、方略路径与辩证法意蕴。这些方法论不仅有助于提高我们解决实际问题的本领，而且为建设美丽中国提供了科学的方法论指引。

---

① 刘希刚：《习近平生态文明思想整体性探析》，《学术论坛》2018 年第 4 期。

（三）推进国家治理体系和治理能力现代化的重要体现

国家治理体系和治理能力是一个国家制度和制度执行能力的集中体现，二者之间是相辅相成的有机统一整体。生态文明建设作为国家治理体系的重要内容之一，体现着一个国家的生态文明建设制度以及制度执行力，与国家治理体系和治理能力是辩证统一的关系；而国家治理体系和治理能力现代化，反过来是推进生态文明建设、实现美丽中国的根本要求。新时代中国特色社会主义生态文明思想，作为推动生态文明建设的理论指导和战略部署，对推进绿色发展、完善生态环境监管体制、促进生态保护与修复等进行了系列论述。其中特别提出要"加快构建以治理体系和治理能力现代化为保障的生态文明制度体系"，开启了全面建设社会主义现代化国家的新征程。因此可以说，新时代中国特色社会主义生态文明思想是国家治理体系和治理能力现代化的重要体现。

一方面，这一思想构成了国家治理体系和治理能力的重要内涵。国家治理体系的主要内容包括治理主体、治理功能、治理权力、治理规则等诸多方面，这些方面相互促进、相互联系，是密不可分的整体。作为国家治理体系和治理能力重要组成部分的生态文明制度体系，同样具有这些重要内涵。其一，生态文明制度的执行主体也是政府，既是对政府行政制度的完善，也是对政府行政观念的转变，建立完善的生态文明制度体系就是要使政府在生态文明建设领域发挥领导和示范作用。其二，生态文明制度体系是一个包括规划、组织、资源配置在内的功能体系，诸如完善最严格的耕地保护制度、水资源管理制度、规划生态保护红线制度等，这些充分显示了国家治理体系的制度规划、资源配置等功能。其三，国家治理体系包括生态文明建设领域的体制机制、法律法规安排，在走向生态文明新时代的现实背景下，构建国家治理体系必须以建设生态文明为契机，不断形成符合新时代的、更加科学完善的制度体系。①

另一方面，这一思想完善了推进生态治理现代化的有效路径。制度的生

---

① 《习近平谈治国理政》第一卷，外文出版社 2018 年版，第 92 页。

命力在于执行。现代化的国家治理体系不仅需要完善的制度，同时也必须紧密结合中国实际，适应时代潮流改革相关法规、体制，进而使得各项制度不断完善和科学。基于此，在一定程度上可以说，新时代中国特色社会主义生态文明思想不仅构成了国家治理体系和治理能力的重要内涵，而且为实现生态治理现代化提供了有效的路径选择。其一，通过确立生态文明价值理念，唤醒公民生态道德意识，推进国家治理现代化。价值理念是国家治理之基，决定着国家治理的方向。新时代中国特色社会主义生态文明思想中所蕴含的生态价值理念，作为社会道德体系的一部分，有利于提升公众的生态道德自律和环保意识，让公众对自然生态环境保持应有的敬畏和尊重，从而内化为行动，转变发展方式、生活方式和消费方式。其二，通过健全生态文明体制机制，提高国家治理能力。围绕当前"碎片化、短期行为、政出多门以及部门主义和地方主义"[1]的制度缺陷，以习近平同志为核心的党中央对生态文明建设制度进行了合理的设计和安排，为进一步提升国家治理能力提供了理论基础和制度保障。其三，通过完善生态文明法律法规，推进生态治理体系现代化进程。新时代中国特色社会主义生态文明思想中蕴含着深刻的依法治国思维，这就要求在推进生态文明建设的过程中，将保障生态安全作为硬性要求，不断增强依法办事意识，善于用制度和法律，不断提升科学执政、民主执政以及依法执政水平，从而提高整个社会生态文明水平。

三、世界价值：提供了全球可持续发展的中国方案

近年来，在世界经济快速发展的同时，各个国家的生态问题也日趋严重，并逐渐渗透到国际政治、经济、文化、社会等各个领域，演变成为一种全球性问题，对整个人类的生存和发展提出了严峻的挑战，越来越引起全球的高度重视。面对愈演愈烈的生态危机，人们对工业文明的发展理念、发展方式

---

[1]　俞可平：《论国家治理现代化》，社会科学文献出版社 2014 年版，第 9 页。

和发展路径进行了深刻反思，开始意识到今后的发展绝不能再以生态资源为代价，绝不能再破坏生态环境，而是要选择一种新的可持续的文明发展方式。相比而言，工业化程度不高，正处于工业化进程关键阶段的中国，更加重视将工业化与生态文明结合起来，开创新型工业化道路。党的十八大以来，以习近平同志为核心的党中央秉持对人类命运的深刻思考，创造性地提出了新时代中国特色社会主义生态文明思想。这一思想适应了新时代中国与世界关系的历史性变化，以其独特的学术体系、学科体系和话语体系，为全球可持续发展贡献了中国智慧，为全球生态治理提供了中国方案与中国经验。

（一）共谋生态文明建设的"中国方案"

如何适应时代变化，如何构建与世界各国的关系，不仅影响中国生态文明建设进程，也关乎世界未来发展。党的十八大以来，以习近平同志为核心的党中央顺应和平、发展、合作、共赢的时代潮流，以全新的视野深化对人类社会发展规律的认识，坚定文化自信、讲好中国故事，就生态文明建设提出了一系列新论述、新思想、新主张。可以说，无论是从中国生态文明建设的国际意蕴，还是全球性生态环境议题的治理合作而言，中国都秉承"人类命运共同体"的科学理念，积极开展可持续外交和国际合作，勇担社会主义大国责任，成为全球生态文明建设的重要参与者、贡献者、引领者，其中最为重要的是创造并传播了中国的"绿色故事"，贡献了全球生态治理的中国智慧。

具体来讲，习近平总书记以全球意识、全球眼光、人类胸怀积极推动治国理政的全球性理念，他所强调的"尊重自然、顺应自然、保护自然"的生态文明理念，与国际上倡导的可持续发展理念是一脉相承的。这一重要思想观念和思维方式不仅适用于我国生态文明建设，同时也为人类社会发展演进作出了重大理论贡献和实践推动，彰显了新时代中国特色社会主义生态文明思想的鲜明世界意义。这一思想在价值取向层面，明确提出了当代世界"和平、发展、公平、正义、民主、自由"的共同价值，倡导"绿水青山就是金山银山"的辩证理念；在奋斗目标层面，提出了中国梦是建设美丽中国、实现中华民族伟大复兴的梦；在思想理念层面，把"人类命运共同体"理念和共同、综合、合作、可持续的新安全观作为应对全球生态危机，进一步推动国际生态治理的核心观点；在重大举措层面，坚持走和平发展道路，奉行互利共赢的开放战略，构筑绿色发展的生态体系等，为促进世界共同发展贡献了中国智慧、提供了中国方案。

总之，新时代中国特色社会主义生态文明思想指导全球生态治理深入展开，在全球各地生态治理领域发挥着越来越重要的作用，生态文明建设话语权和影响力逐渐提升，为建设持久和平、普遍安全、共同繁荣的世界作出了新的贡献，提供了有益的中国智慧。

（二）探索生态现代化的理论范式

结合国内外发展现状，站在新的历史阶段，如何走出一条切实可行的现代化道路，是我们亟须思考和解决的问题。基于中国"历时性问题共时性解决"的发展境遇，以习近平同志为核心的党中央指出，我们要借鉴国际经验，吸取失败教训，探索出一条适合中国国情的生态现代化合理路径与创新模式，这是人类社会发展的必然趋势，为走向生态现代化提供了可借鉴的中国方案。

毋庸赘言，通过发展社会生产力，不断提高人民物质、精神生活水平，促进人的全面发展，是我们党领导人民进行社会主义现代化建设的最根本目标。对此，中国始终坚持和平发展道路，通过和平发展为社会主义现代化事业积累物质条件，为进一步促进人类和平与进步作出应有的贡献。党的十八大以来，以习近平同志为核心的党中央始终注重发展的系统性、整体性和协同性，形成了以生态惠民、生态利民、生态为民为核心的发展模式。现阶段，经过改革开放40多年的快速发展，中国社会主义现代化建设取得了历史性成就，为"两个一百年"目标的实现打下了坚实基础。但是现代化过程中高投入、高消耗、高污染的传统工业化模式让我国付出了沉重的资源环境代价。生态危机的出现促使我们深入反思现代化的内涵和方向，必须推进发展模式的生态转型，即由工业现代化向人与自然和谐相处的现代化转变，这就为中国现代化模式的生态转型提供了一种可资借鉴的理论范式。同时，能够为世界各国，特别是广大发展中国家走向现代化提供可借鉴的经验，开启一条人类文明进步的绿色道路，拓展发展中国家走向现代化的成功路径。[①]

（三）彰显生态责任的中国担当

生态保护是全球共同的责任，中国也不例外。随着中国国际影响力的不断提升，以习近平同志为核心的党中央从中国理性复兴的视角出发，把责任担当作为新时代中国特色社会主义生态文明思想的价值依归，同时进一步指出，共谋全球生态文明建设顺利进行的关键在于积极地履行生态责任。客观上，在生态文明建设尤其是绿色变革与转型的过程中，中国作为世界上最大的发展中国家，理应为推动绿色发展、构建人类命运共同体积极履行生态责任。这不仅有利于营造中国和平发展的周边环境和全球环境，更有利于提升中国解决全球性生态问题的能力和影响力。

习近平总书记时刻身体力行倡导这种责任担当。在与各国的交往中，他在不同场合强调中国在全球生态治理等国际事务中要有所担当，主张维护广大发展中国家共同利益。诸如他曾在系列讲话中多次强调，"我们不能欠子孙债，一定要履行好责任，为千秋万代负责，要有这种责任担当"。"世界那么大，问题那么多，国际社会期待听到中国声音、看到中国方案，中国不能缺席。"[②]中国作为一个社会主义大国，理应有高度的担当意识，不仅应当致力于中国自身发展，更应该对全球作出应有的贡献，要"积极参与全球治理体系改革和建设，不断贡献中国智慧和力量"[③]。这些论述无不彰显了中国情怀、大国担当。可以说，在全球发展深层次矛盾突出、气候变化、生态问题凸显的情况下，新时代中国特色社会主义生态文明思想"是世界上最为宏伟、最为切实的绿色宣言，是中国共产党对于中国人民、世界人民的庄严生态承诺"[④]。

---

① 任天佑：《为解决人类问题贡献中国智慧中国方案》，《解放军报》2017 年 11 月 15 日。

② 习近平：《习近平主席新年贺词（2014—2018）》，人民出版社 2018 年版，第 13 页。

③ 习近平：《决胜全面建成小康社会 夺取新时代中国特色社会主义伟大胜利——在中国共产党第十九次全国代表大会上的报告》，《人民日报》2017 年 10 月 28 日。

④ 胡鞍钢：《生态文明建设与绿色发展》，《林业经济》2013 年第 1 期。

这一思想，不仅对本国发展有着深远的影响，而且展示了兼济天下的世界情怀，进一步彰显出对世界生态环境和全球生态治理负责任的大国形象，为全球生态治理走出困境贡献了中国智慧，为推动全球治理注入了新的正能量。

总之，新时代中国特色社会主义生态文明思想为全球可持续发展贡献了中国方案，这一方案内容丰富、意蕴深刻，既有世界各国共同走和平发展道路、构建人类命运共同体等面向国际关系全局的新思想，也有新的生态安全观、生态义利观、生态治理理念等；既有面向大国关系、周边国家关系、发展中国家关系的双边关系新思想，也有面向多边平台、多边机制的国际治理新主张。在和平与发展成为时代主题、国际形势和国际秩序发生深刻变化的背景下，这些新理念新经验，不仅为新时代中国特色社会主义提供了思想遵循，而且为全世界可持续发展提供了重要借鉴，对于构建人类命运共同体、促进世界和平与发展具有重大而深远的意义。

通过深入研究习近平总书记关于生态文明建设的新观点新论断新战略，我们发现，作为新时代推进生态文明建设的指导思想，新时代中国特色社会主义生态文明思想体现着鲜明的中国特色，蕴含着丰富的理论价值，有着鲜明的价值意蕴。正确理解和定位这一思想的价值意蕴，是在弄清这一思想的时代背景、发展历程、体系特征等之后的又一项重要研究任务。目前学术界关于这一思想理论贡献的研究不多，且都坚持把它放在马克思主义生态文明思想的理论框架和中国生态文明建设的实践中进行阐述。在这种研究思路的指导下，本章主要从理论价值、实践价值和世界价值几个方面论述总结了这一思想的价值意蕴。具体来讲：

一是在理论形态上，马克思主义生态文明思想的原创性贡献。这一部分主要从赋予辩证唯物主义和历史唯物主义新的内涵、创新中国化马克思主义生态文明思想的新成果、开辟科学社会主义的新境界三个层面，论述了以习近平同志为核心的党中央对马克思主义生态文明思想的原创性贡献。

二是实践发展上，新时代中国生态文明建设的思想武器。这一部分主要从实现我国经济社会高质量发展的题中之义、引领美丽中国建设的行动指南、国家治理体系和治理能力现代化的重要体现等角度，系统论述了新时代中国特色社会主义生态文明思想对于新时代生态文明建设的实践价值。

三是世界层面上，全球可持续发展的中国智慧。这一部分主要从共谋生态文明建设的中国方案、探索生态现代化的理论范式、彰显生态责任的中国担当等方面，深刻诠释了全球生态"由谁治理"的现实问题。

纵观本章内容，新时代中国特色社会主义生态文明思想，是立足中国共产党治国理政提出的理论框架，既包含了深厚的历史底蕴，又具有鲜明的时代内涵；既有认识论的科学思考，又有方法论的实践导向，体现了对生态文明建设的顶层设计和战略部署，是实现"两个一百年"奋斗目标、实现中华民族伟大复兴中国梦的行动指南。同时，这一思想准确把握了当今世界生态发展的脉搏，体现出鲜明的大国特色，为保护全球生态环境贡献了中国智慧和中国方案，具有一定的世界意义。

第八章　新时代中国特色社会主义生态文明思想的实践路径

新时代中国特色社会主义生态文明思想作为一个完整的理论体系，最终指向的是生态治理的实践领域。近年来，我国的生态文明建设在战略部署、治理力度、体制改革、国际合作等方面都取得了一定的成效。但在生态环境质量明显改善的同时，生态环保也是任重道远。党的十九届五中全会将"生态环境根本好转""美丽中国建设目标基本实现"作为基本实现现代化的重要标志之一。那么，如何践行新时代中国特色社会主义生态文明思想，实现人与自然和谐共生的现代化，成为当前生态文明建设的重要任务。

对于推进生态文明建设的实践路径，在党的十八大报告中就已明确界定，即"全面落实经济建设、政治建设、文化建设、社会建设、生态文明建设五位一体总体布局"[①]，将生态文明建设融入其他四大建设的方方面面。这里的"融入"，涉及经济结构、发展方式、制度体制、文化建构等内容，是十分复杂的系统工程。从这个意义上讲，不仅意味着在进行经济、政治、文化和社会建设的同时要注意保护生态环境，更意味着要突破传统的经济建设与自然环境的关系，使实践路径更加全面、具体，使"五位"真正融为"一体"。在"融入"过程中，既要整体推进社会主义经济、政治、文化、社会、生态文明

---

① 胡锦涛：《坚定不移沿着中国特色社会主义道路前进　为全面建成小康社会而奋斗——在中国共产党第十八次全国代表大会上的报告》，人民出版社 2012 年版，第 9 页。

建设，又要在整体推进中突出生态文明的重要地位。这一路径彰显了中国共产党治国理政理念的成熟与完善，是从根本上解决中国生态环境压力、推进经济社会健康发展的根本举措。

一、经济基础：大力推动经济绿色转型

经济建设是生态文明建设的物质基础，坚持把生态文明建设融入经济建设，其实质是推动经济发展实现由工业文明向生态文明的转型。中国特色社会主义进入新时代，我们要坚定不移贯彻新发展理念，着力转变发展方式，并大力发展循环经济，多措并举，切实将生态文明建设融入经济建设。

（一）积极贯彻新发展理念

党的十九大报告指出，"必须坚定不移把发展作为党执政兴国的第一要务"[①]。面对中国经济发展进入新常态、世界经济发展进入转型期的新格局，我们要坚定不移贯彻创新、协调、绿色、开放、共享的新发展理念。这一理念对我国经济社会发展具有深刻的指导意义，也是生态文明建设的基本遵循和重要指南。同时，新发展理念包含的五大内容，每一个方面都有其深刻的内涵和丰富的外延，需要在生态文明建设领域去实践。对此，我们要坚持以新发展理念引领经济发展新常态，通过创建崇尚创新、注重协调、倡导绿色、厚植开放、推进共享的机制和环境，不断取得高质量发展新成就，更好地满足人民日益增长的美好生活需要。

其一，崇尚创新发展，激发人民活力。创新是引领发展的第一动力，坚持创新发展，一是要不断传播创新发展观，使人们达成创新共识，营造有利于创新发展的良好氛围，建立经济与环境相协调的发展方式。二是要发挥科

---

① 习近平：《决胜全面建成小康社会　夺取新时代中国特色社会主义伟大胜利——在中国共产党第十九次全国代表大会上的报告》，《人民日报》2017年10月28日。

技创新在全面创新中的引领作用，加强创新体系建设、深化科技体制改革、提升创新要素使用效率等，这是实现创新型国家目标的根本途径。三是要重视人才培养，"人才是创新的根基"①，要通过完善人才引进政策、健全人才评价激励机制、加大人才扶持力度等举措，为科学技术发展提供充分的智力保证。

其二，注重协调发展，补齐发展短板。"千钧将一羽，轻重在平衡。"协调发展作为推动发展的强大动力，强调的是发展的整体性。这就要求我们在正确处理发展中的重大关系时补齐"内轮差"，推进经济结构战略性调整，促进经济社会协调发展；缩小地区差异，注重区域协调发展，拓展区域发展空间；破解二元结构，实施城乡一体化战略，推动城乡协调发展；两手都要硬，推进物质文明与精神文明协调发展，建设社会主义文化强国等。通过上述措施，更好地解决发展不平衡不充分问题，实现全方位的均衡发展。

其三，倡导绿色发展，促进人与自然和谐共处。随着中国特色社会主义进入新时代，人民群众对美好生活的需求日益广泛，对生态环境提出了更高的要求。面对生态环境危机和经济发展困境的双重挑战，以习近平同志为核心的党中央基于自然客观规律和现实发展需求，把"绿色发展"作为五大发展理念的底色，通过推动生产方式、生活方式、文化理念和社会治理的"绿色化"变革，为生态环境保护提供全方位的保障。可以说，这是生态文明融入经济建设的基本路径，是新时代经济发展的必经之路。

其四，厚植开放发展，构建利益共同体。作为世界第二大经济体，中国经济已深度融入世界经济，中国对世界经济增长的贡献率超过四分之一，成为全球经济发展的动力之源。目前，中国的发展离不开世界，同样，世界经济的发展也离不开中国，中国经济与世界经济已进入了深度互动期。开放发展理念的提出既是目标愿景，也是实践行动，应通过完善对外开放战略格局、健全开放型经济新体制、推进"一带一路"建设、提升参与全球治理能力，

---

① 中共中央文献研究室编：《习近平关于科技创新论述摘编》，中央文献出版社 2016 年版，第122 页。

进一步加强开放的力度、推进开放的深度、扩大开放的广度，不断探索开放发展的新路径。

其五，推进共享发展，实现共同富裕。共享不仅是中国共产党人的奋斗目标和理想，更是中国特色社会主义的本质要求，对于如何落实与实现共享发展，党的十八届五中全会作了全方位的战略部署，即"按照人人参与、人人尽力、人人享有的要求，坚守底线、突出重点、完善制度、引导预期，注重机会公平，保障基本民生，实现全体人民共同迈入全面小康社会"。从实现途径而言，共享是共建共享，共建是共享的基础和前提，人人共享需要人人共建，致力于为人民谋福祉，因此必须要有明确的实现路径和现实举措。

（二）加快转变经济发展方式

习近平总书记反复强调，"不能简单以国内生产总值增长率来论英雄"①。从"转变经济增长方式"到"转变经济发展方式"，再到"加快转变经济发展方式"，充分反映了习近平总书记"坚持以经济发展质量和效益为中心"的马克思主义发展观，指明了经济发展新常态下的环境保护与经济发展双赢之路——经济发展方式向"绿色"转型。

首先，转变思想观念和思维方式。思想是行动的先导，加快经济发展方式转变必须首先转变思想观念和思维方式，把思想方法搞对头。换言之，思维方式变革对转变经济发展方式具有决定性影响。因此，一是要主动适应社会主要矛盾的变化，把加快转变经济发展方式作为经济发展的动力，深化社会各界对转变经济发展方式的认识，着眼全局，自觉承担起推动经济发展方式转变的历史使命，努力解决现实中的突出矛盾和问题。二是要树立绿色文化价值理念。习近平总书记关于"绿水青山就是金山银山"的"两山"理论，是思维方式和发展理论的创新。因此，必须在全社会倡导生态文明主流价值观，使其成为规范人们行为的价值标准，进而提升国家文化软实力，

---

① 《习近平谈治国理政》第一卷，外文出版社 2018 年版，第 419 页。

这是生态文明融入经济建设的基础策略。[①]

其次，加快推进经济结构的战略性调整。从国内经济发展阶段来看，我国正处于优化经济结构的攻坚期，必须加快推进经济结构战略性调整。习近平总书记指出，"加快推进经济结构战略性调整是大势所趋，刻不容缓"。这一论断的提出，对我国经济结构优化升级提出了新要求，指明了新方向。具体来讲，一是构建现代产业体系，通过推进工业化发展，积极发展服务业，大力发展科技型、效益型、生态型农业等，促进三次产业协同发展。二是优化城乡结构，通过建立健全城乡生态环境保护的相关政策、制度体系，统筹协调城镇空间、规模以及产业三大结构，促进新型城镇化和新农村建设协调推进。三是扩大消费需求，通过增加城乡居民收入、完善消费政策、缩小行业收入差距、改善消费环境、完善个人所得税制度等措施，逐步实现城乡公共服务均等化、城乡居民收入均衡化、城乡要素配置合理化，满足不断扩大的消费需求。

最后，实施创新驱动发展战略。从国内的经济发展阶段来看，我国经济总量已居世界第二，科技能力不断提升。然而，随着人口红利等优势日趋消失，人口、土地、资源、环境的矛盾日益凸显。因此，必须转变依托投资等要素驱动经济发展的传统方式，走以创新驱动发展的新道路，这是生产力发展的必然趋势，也是完成2050年科技强国战略目标的必要途径。具体来讲，要强化人才驱动，培养一批战略科技人才、科技领军人才、青年科技人才和高水平创新团队，并构建完善的人才激励机制；构建绿色技术创新体系，提高制造业和实体经济的创新能力，促进科技成果转化；提高节能技术、资源循环利用技术、新能源开发技术、减排治污新技术等，增强生态环境治理能力。

（三）推进供给侧结构性改革

当前，我国经济发展仍处于重要战略机遇期，但呈现出明显不同于以往的阶段性特征，逐步由高速发展阶段向中高速发展阶段转变，进入新的发展

---

① 邵景均：《努力把思想方法搞对头——加快经济发展方式转变系列谈之二》，《人民日报》2010年5月13日。

常态。面对我国生态文明建设的困境，习近平总书记认识到，"大部分对生态环境造成破坏的原因是来自对资源的过度开发、粗放型使用"①。这就是说，粗放型的发展方式引发了一些深层次的矛盾，这些矛盾集中体现在供给侧的重大结构性失衡。如何解决这一矛盾，科学破解经济发展和环境保护的"两难"悖论？习近平总书记作出了明确回答："推进供给侧结构性改革。"这一论述是对我国经济发展新常态的新思考，阐明了"怎么干"的问题，是指导生态文明建设工作全局的重大决策。

一是补齐生态产品供给不足的短板。近年来，以资源环境为代价的社会化大生产，创造了大量物质精神财富，不断满足人民群众的生产生活需求，但天蓝、地绿、水清等最基本的生态供给却成为新时代人类社会发展需要补齐的短板。党的十九大报告中明确提出，要"提供更多优质生态产品"满足人民日益增长的美好生活需要，从而实现人与自然的和谐发展。要实现这一目标，就必须推进供给侧结构性改革，通过生产可靠安全的绿色产品、建设优美舒适的人居环境，实现资源的永续利用，增加优质生态产品的有效供给，更好地满足人民日益增长、不断升级的生态环境需要，实现社会主义的生产目的。

二是扩大优质增量供给。目前，大部分人民群众已经基本解决了温饱问题，对优质生态产品和服务的需求不断提高。就此而言，生态环境作为生产力的重要因素，在推进生态文明建设供给侧结构性改革中，必须要把"保护生态环境就是保护生产力"的科学论断作为基本遵循，"把提高供给体系质量作为主攻方向"。②在坚持补齐生态产品供给不足的短板的同时，把调存量同优增量有机统一起来，优化资源配置，从而提升优质生态产品的供给能力和绿色产品质量。总之，就是要通过改革生态供给的质量和效率，满足人民群众日益多样化、品质化、生态化的需求，这是基于当今中国经济发展阶段对

---

① 中共中央宣传部：《习近平总书记系列重要讲话读本》，学习出版社、人民出版社 2014 年版，第 127 页。

② 习近平：《决胜全面建成小康社会　夺取新时代中国特色社会主义伟大胜利——在中国共产党第十九次全国代表大会上的报告》，《人民日报》2017 年 10 月 28 日。

发展规律认识的升华和创新，是立足生态文明建设对马克思主义政治经济学的进一步发展，彰显了新时代中国特色社会主义生态文明思想的整体性。

三是加大人力资本投资力度，更加注重调动人民群众的积极性。人是生产力中最活跃的因素。通过宣传高素质的生态文明企业家、治沙造林先进人物、工匠和劳模等先进典型，塑造良好社会文化生态，营造鼓励创新、终生学习和勇于冒险的社会氛围，凝民心、聚民智、集民力，为人民群众提供低碳、生态、便利、适宜的多样性物质条件和崇尚科学、艺术、心性、内省、审美等的多层次精神食粮。同时，厘清政府、市场边界，拓展企业家精神生长空间，激发和保护企业家精神，推动供给侧结构性改革，振兴实体经济发展，营造劳动光荣的社会风尚和精益求精的敬业风气。

二、政治引领：建立生态环境保护长效机制

坚持把生态文明建设融入政治建设，其实质是从政治保障层面实现由工业文明向生态文明的转型。生态文明建设不仅需要物质文明为其奠定坚实的物质基础，更需要政治文明为其提供根本的政治方向、政治环境和政治保障。抑或言之，生态文明建设直接体现着政治文明的发展程度和水平，它不仅与物质文明、精神文明互为表征、互为条件、相辅相成，而且也是政治文明发展的强有力杠杆。因此，从政治建设层面入手解决生态环境问题，克服由于市场自身缺陷带来的不公平现象，是当今践行生态文明思想的有效路径之一，也是我们党对中国特色社会主义建设规律认识的一个新突破，是马克思主义中国化的一个新的理论成果。

（一）完善公共服务体系建设

扩大国内绿色需求、构建绿色消费模式是一项长期的系统性工程，不仅需要消费者消费意识的觉醒、企业技术进步的支持、绿色消费市场的培育，还需要政府的大力引导推动，不断完善政府公共服务体系建设，积极培育绿

色消费模式，这是生态文明建设融入政治建设的当务之急。

首先，强化企业市场导向意识，不断扩大绿色供给。一是企业要加强技术改造，满足市场的绿色消费需求。企业应加大绿色技术研发力度，加强绿色产品的开发，强化对产品生产、加工、销售环节的全过程控制，在原材料选择上，使用安全无毒、易于回收再利用的材料；在产品制造过程中，推广清洁生产，综合利用资源能源，减少浪费和损耗；在保管和运输过程中，确保零污染，形成一个以安全保障为基础的种类丰富、质量优异、能满足不同层次消费者需求的绿色产品体系。二是企业要积极拓展销售渠道，扩大绿色产品的市场影响力。企业可以通过传统的零售商推广销售产品，在市场规模较大、人口聚集的区域，建立专门的绿色产品销售机构，方便消费者对绿色产品的识别、购买。同时，还要充分利用互联网、电视营销等电子商务渠道有效展示产品的绿色特性，在产品品牌和商标设计上注重体现生态文化的内涵，突出绿色形象。

其次，完善政府公共服务体系建设，正确引导绿色消费。一方面，加快完善有利于绿色消费的信息服务体系。政府应联合企业以及相关团体、部门和新闻媒体，通过网络、手机短信、电视传媒等现代化信息传播方式，向消费者提供有关绿色消费以及绿色产品的购买和使用知识，提高消费者的绿色消费认知能力和水平。另一方面，加快完善有利于绿色消费的政策服务体系。这主要是指运用价格、税收、信贷等经济手段将企业和个人的行为同其经济效益直接挂钩，从而激励和引导市场主体作出有利于促进绿色消费的行为。如对一次性筷子、大排量汽车等严重污染环境的消费品和消费行为征收较高的消费税；对居民购买节能家电、低碳汽车等予以更方便的贷款模式。

最后，严格规范市场秩序，加大绿色消费保护力度。一是构建完善各项政策机制。通过构建绿色消费机制、强化环境保护考核机制、完善环境信访工作机制、创设绿色消费激励机制、健全人才引进奖励机制等途径，为实施绿色消费提供根本保障。二是健全质量标准和信用体系。通过完善产品和服务标准体系，满足消费结构的不断升级需求；强化消费环境监测评价体系，保障消费者的绿色消费权益；完善消费信用体系建设，营造绿色消费的良好环境。三是政府政策配套和宣传引导，通过深化收入分配制度改革，"促进收入分配更合理、更有序"；广泛推进生态文明建设主题宣传，让绿色消费理念入脑入心。

（二）健全生态文明制度体系

生态文明建设是关系中华民族永续发展的千年大计。党的十九届四中全会指出，要坚持和完善生态文明制度体系，促进人与自然和谐共生。应当看到，目前虽然我国生态环境质量持续好转，但成效尚不稳固，在相当长的一段时间内，解决突出生态环境问题、防范生态环境风险都是治国理政的重中之重。为此，我们要把制度建设作为推进生态文明建设的重中之重，使我国生态文明制度与政治体制改革的要求和进程相适应，不断健全生态文明制度体系，这是生态文明建设融入政治建设的关键。

首先，健全完善环境保护管理制度。政府在生态文明建设过程中，既是领导者、引导者，又是管理者、监督者。因此，应充分发挥政府在生态环境治理中的主导作用，进一步完善环境保护管理制度。具体来讲，一方面，要加强顶层设计，建立完善以政府为主导的生态监管体系，加快组建完善自然生态监管机构、创新污染防治监管体制、健全环境影响评价体制、创新生态保护红线管控制度等。另一方面，构建环境多元共治体系，如构建生态环境保护激励机制、健全生态保护参与制度、强化生态环境区域国际交流机制等。上述制度体制创新，囊括了生态文明建设"源头严防、过程严管、后果惩罚"的全过程，内容覆盖经济社会发展的各方面，涉及党政领导干部、企业、自身多元主体，并充分考虑法制、标准、市场、社会动员等多种机制，切实增强了政府履行环境管理的能力。①

其次，推进生态管理战略转型。政府作为解决生态环境问题的主导部门，既可以通过必要的行政手段对破坏环境的行为进行直接干预，也可以通过生

---

① 潘家华等：《生态文明建设的理论构建与实践探索》，中国社会科学出版社 2019 年版，第271 页。

态宣教活动、媒体曝光、树立榜样等多样化方式间接地保护环境。具体来讲，一是政府在制定城市发展、区域开发、产业政策、审批重大项目等经济建设和社会发展政策规划时，要保障环境保护主管部门的参与，加强环境影响评价和环境审议，确保工程项目绿色化、无污染、无破坏。① 二是要建立责任追究制度，对领导干部实行自然资源资产离职审计，并坚持党政同责、一岗双责、联动追责、主体追责以及终身追究制度，促使领导干部能够从长远考虑，更加尊重人民群众的生态权益。

最后，健全生态文明考核评价体系。习近平总书记指出，在生态文明建设中，科学的考核评价体系犹如"指挥棒"，是最重要的制度之一。应该看到，在生态文明制度建设中，一些领导干部把以经济建设为中心理解为单纯地追求经济的高速增长，而忽略了高质量增长，使得国内生产总值增长率成为衡量干部政绩考核的唯一指标，甚至出现将经济建设与生态文明建设对立起来的现象。针对这种情况，只有像习近平总书记强调的那样，把生态考核当成考核硬指标，建立体现生态文明要求的目标体系、考核办法和奖惩机制，才能彻底改变以 GDP 增长率论英雄的片面观念，形成更加全面、科学的政府绩效考核体系。

（三）构建生态法律法制体系

法律体现国家意志，是全体公民行为规范的底线，生态文明建设也必须依靠法律促进政治文明建设的发展，进而实现国家治理体系和治理能力的现代化，这是生态文明融入政治建设的根本。随着中国特色社会主义进入新时代，生态文明建设不断推进，关于生态环境的法律法规体系也不断趋于完善，逐渐从重点强调立法的数量和速度向更加注重立法的质量和效果转变，逐步实现立法生态化。

首先，加强生态环境保护领域的立法。目前，现行生态环境保护法律法规不能完全适应生态文明建设的现实状况，为生态法制建设提出了一系列新

---

① 李娟：《中国特色社会主义生态文明建设研究》，经济科学出版社 2013 年版，第 212—213 页。

任务、新课题。因此，加强生态环境的立法和落实是保护生态环境的迫切需要。具体来讲，一是要以"社会主义生态文明观"为指导，促进环境法向生态法的方向转变，逐步推动立法重心由"经济优先"向"生态与经济相协调"和"生态优先"转变，推动形成人与自然和谐发展的新格局。二是坚持科学立法，创新公众参与立法方式，不断提高生态立法质量，保障公民生态权益，满足和适应社会发展需求。三是强化立法监督，坚持问题导向，广泛听取各界意见和建议，增强监督工作实效，为加快推进生态文明建设提供坚实后盾。

其次，要加强环境执法能力建设。"生态环境保护能否落到实处，关键在领导干部。"因此，要加大生态环境保护执行力度，真正夯实党员干部的生态责任，为推进生态文明建设奠定坚实的政治基础。一是要依法行政，改进执法方式。综合运用法律、技术、经济以及必要的行政手段，打好环境监管"组合拳"，保持对违法排污行为的高压态势，维护人民群众切身环境权益。二是开展生态环境监察，拓宽执法领域。加强特殊功能区、自然保护区、农村特定区域等的环境监管和专项执法检查，逐步实现环境监管制度化和规范化。三是完善应急防控体系，确保执法安全。在新时期环保工作形势下，要建立生态风险评估和隐患排查机制，完善突发事件应急预案，为确保环境安全、构建和谐社会提供有力保障。四是加强队伍建设，提高业务素质。做好新时期环境执法工作，必须重视队伍建设，加强环境监察机构人员的业务培训，突出实效性、体现针对性、注重前瞻性，提高执法人员处理突发环境污染事件、环境执法监管等方面的能力。

最后，加强公众的政治参与意识。随着生态环境问题的日益凸显与人民群众生态需求的不断提升，环境保护事业越来越与社会各界息息相关，这一现实决定了公众必须参与其中，具体应从以下几个方面着手：一是加强舆论宣传，通过互联网、电视、报纸、广播、宣传板等途径，培养公众的生态价值观，并提高参与能力，进而推动公众依法、理性、有序参与环保事业。二是丰富参与形式，公众既要参与实施生态文明战略的行动和项目，也要逐步改变传统的思想观念、建立科学的文明观念，进而规范自身的行为，进而实现对政府的监督，促使政府的公共决策朝着更加科学、民主的方向迈进。

总之，政府作为生态文明建设的主导部门，是保护生态环境的主力，同时，我们也要依靠制度，这既是历史的经验，也是现实的选择。我们应该进一步强化政府的制度保障，切实做到用最严格制度保护生态环境，这是党领导生态文明建设的政治保障。

三、文化动力：树立正确的生态价值观念

坚持把生态文明建设融入文化建设，其实质是从文化价值角度实现向生态文明的转型，进而促进社会主义生态文化的生成。在我国生态环境保护的历史进程中，生态环境保护的启蒙来源于文化意识的觉醒，生态文明建设的推进得益于文化的自觉，生态环境保护的成效得益于文化自信的提升。[1] 基于此，可以说文化建设为生态文明建设提供精神动力和智力支持。

（一）牢固树立生态理念

理念是行动的先导，有什么样的理念就会有什么样的行动。树立牢固的生态理念，是生态文明融入文化建设的重要一步。党的十八大以来，以习近平同志为核心的党中央大力弘扬优秀传统文化，在对"我们从哪里来，要到哪里去"的历史思考中，不断强调和传播诸如"绿水青山就是金山银山""生态兴则文明兴，生态衰则文明衰"等深入民心的文化理念，形成了清晰准确的战略布署，提出了明确的推进方式。

一方面，树立正确的生态文明意识。提高人民群众的生态文明意识和素养是建设生态文明的基本出发点和落脚点。因此，一是要树立生态忧患意识，这是生态文明意识培养的首要环节，它要求人们对生态环境问题要持有清醒的防范意识、自觉的危机感和责任感。二是要树立正确的生态价值意识，这是生态文明意识的本源部分，它要求人们必须对生态的经济价值、环境价值

---

① 章少民：《大力推进生态文化建设》，《中国环境报》2018 年 4 月 12 日。

和服务价值有基本的认知。三是养成生态道德意识，这是生态文明思想的伦理核心，它要求人们树立正确的生态道德观，包括维护生态系统平衡、合理地利用和开发大自然、尊重自然万物的生存权及维护后代子孙的环境权等。四是理性消费意识，这是生态文明意识的外显层面，它倡导适度消费、绿色消费、勤俭节约的理性消费观，并形成全社会共同参与的良好氛围。以上论述是基于对生态文明意识主要内容的理解和把握，有利于使"绿水青山就是金山银山"的理念内化于心、外化于行，是培养生态文明意识的重要路径。

另一方面，将生态文明建设融入社会主义核心价值观。这是生态文明融入文化建设的基础工程。众所周知，文化的核心是价值观问题，社会主义核心价值观作为诠释中国时代精神的集中体现，是有关人与自然和谐发展的文明形态，从国家、社会、个人三个层面构建了一个涵盖中华民族伟大复兴价值目标的发展方案，且与生态文明建设紧密相关，二者在价值取向上具有内在一致性。因此，建设生态文明，必须要将其纳入社会主义核心价值观中，形成生态富强、生态民主、生态文明、生态和谐的国家价值观，生态自由、生态平等、生态公平、生态法治的社会价值观，生态爱国、生态敬业、生态诚信、生态友善的个人价值观。同时，通过教育引导、文化熏陶、舆论宣传、实践养成等方式，形成人人、事事、时时崇尚生态文明的社会新风尚，并外化为人们的自觉行动，从而为当代中国生态治理提供思想保证，凝聚精神力量。

（二）大力培育生态文化

作为一种科学的文化价值观，生态文化是软实力的核心构成，为推进生态文明建设提供了理念先导、思想保证、精神动力和智力支持。文明总是在传承中不断进化的，当前的生态文明建设更不能在一片空地上建设，因此，要自觉地把生态文化的培育作为当代中国繁荣发展不可缺少的基础和起点，这是生态文明融入文化建设的重要路径。

一方面，要弘扬中华传统文化软实力。儒释道作为中国5000多年传统文化的主流，为我国生态文明建设提供了坚实的哲学基础与丰富的思想源泉。我们不仅要传承"天人合一""道法自然""仁民爱物"的生态智慧，传承"但存方寸地，留与子孙耕"的耕地保护意识、"一粥一饭，当思来之不易"的勤俭持家品德，更要学习古人"禹之禁，春三月，山林不登斧""不违农时，谷不可胜食也。数罟不入洿池，鱼鳖不可胜食也。斧斤以时入山林，材木不可胜用也"的生态实践观。总之，在破解当代中国生态环境的难题上，在建设现代中国人精神家园和凝聚精神动力上，在治国理政的具体实践中，习近平总书记都将中国的传统文化创造性地运用其中，并通过创造性转化和创新性发展，使之成为进一步推进生态文明建设的文化力量。①

另一方面，积极培育与生态文明建设相适应的生态文化。文化是国家强盛和民族复兴的重要决定力量。中华民族向来尊重自然、热爱自然，绵延5000多年的中华文明孕育出丰富的生态文化，它们是实现建成美丽中国目标的重要保障。因此，一是加快建立健全以生态价值观念为准则的生态文化体系，不断推进中国优秀传统文化中"天人合一""道法自然"等生态智慧与当今"山水林田湖草沙"系统治理、"人与自然和谐共生"等绿色生态文化的深度融合。二是改变传统以城市为重点的宣传形式，全方位、宽领域、多层次推动生态文化教育进学校进课堂、进机关进企业、进社区进农村，不断满足社会各个层面、各个地域公众的生态文化需求，提高全社会的生态文明素养，为推动生态文化事业全面繁荣和生态文化产业快速发展提供重要的实践支撑。三是拓展生态文化载体，充分利用生态文化保护基地、主题博物馆、科普馆、图书馆等文化载体，充分发挥主流媒体、环保微博、生态 APP 等文化平台在传播生态文化方面的重要作用，进一步提高生态文化的传播能力。

（三）切实强化生态教育

把生态文明建设融入文化领域，"实现生态文明建设新进步"，就要不断加强生态文明教育，提升生态文明意识，让生态文明理念内化于心、外化于行，这是生态文明建设的道德基础和精神支撑。

---

① 潘家华、庄贵阳、黄承梁：《开辟生态文明建设新境界》，《人民日报》2018 年 8 月 22 日。

　　首先，充分发挥学校的基础性作用。一要发挥生态教育的系统性、持续性优势。通过编写课程教材、课外读本，设立相关课程等，把生态文明建设的相关知识和内容融入各年级、各学科的教育教学计划，帮助学生自觉养成节约资源和保护环境的生活方式，确保生态文明教育的基础性与持续性。二是拓展实践教育路径。在传统课堂教育的基础上，充分利用世界环境日、植树节、世界水日等重要契机，通过举办环保知识主题竞赛、征文比赛、演讲比赛，开展垃圾分类、节约用水、公益实践等生态活动，提高学生的环保实践认知能力，打造生态文明教育特色品牌。三是加强生态教育考核机制和师资队伍建设，加大对生态文明素养的考核力度，将学生的生态知识与实践情况纳入其综合素质评价体系中，增强生态教育的主动性和积极性；同时，对相关教师进行岗前培训，提升其生态理论素养，丰富教学方法、充实教学内容，进而增强对生态教育的责任感和使命感，提升教学效果。

　　其次，发挥政府、社会、家庭多元主体的育人功能。生态文明建设是一个涉及方方面面的伟大工程，除了发挥学校的基础性作用，更需要政府、社会、家庭形成育人合力，实现全员、全过程、全方位生态教育。一是充分发挥政府在生态文明建设中的主导作用。通过制定战略规划、构建长效机制、完善政策法规等，把生态文明教育纳入国民教育体系、干部教育培训体系和企业培训体系，打造生态文明建设新常态。二是充分发挥社会在生态文明建设中的独特作用，切实开展诸如"治污降霾，从我做起""垃圾分类，人人有责""保护地球，绿色出行"等形式多样的主题教育活动，构建"互联网＋"的创新教育模式，形成立体化、多元化、制度化的宣传教育途径，提升宣教效果。三是充分发挥家庭在生态文明建设中的基础教育作用。在生活中自觉践行生态环保理念，将生活习惯与生态知识相结合、言传身教与主动参与相结合、情感引导与行为养成相结合，使生态文明理念真正融入生活、入脑入心。通过这些具体措施，将生态文明的理念逐步内化为道德标准，进一步转化为生态自律的伦理意识，营造全社会自觉支持生态文明建设的文化氛围。

四、社会保障：创新社会管理模式

坚持把生态文明建设融入社会建设，其实质是从社会管理上实现由工业文明向生态文明的转型。社会建设作为中国特色社会主义事业"五位一体"总体布局中的重要组成部分，是促进经济发展、保持政治稳定、发展精神文明的重要纽带，为生态文明建设提供了有利的社会环境，具有统合功能和辐射作用，必须摆在更加突出的位置。进一步而言，当今社会建设所追求的目标突出表现在构建社会主义和谐社会上，而我国正处于社会变革转型期，随着生态危机的日益严峻，人口资源环境问题带来的社会困扰也逐渐凸显。基于此，我们可以通过加强和创新社会管理、维护生态环境权益、践行总体国家安全观等途径，将生态文明建设融入社会建设全过程，推动社会建设与生态文明建设同向同行。

（一）加强和创新社会治理

社会治理工作是社会建设的根本任务之一，是促进社会公平和保护生态环境的基本途径。党的十八大以来，"社会治理"的概念逐渐取代了"社会管理"的概念，共建共治共享理念应运而生，正式成为我国社会建设的关键词。生态文明建设作为一项社会公共事业，与社会建设是相互依存、相互制约的一体两翼。因此，必须将其置于社会治理中，以促进社会公平正义、增进人民福祉为出发点和落脚点。

首先，不断完善社会治理体制机制。"加强和创新社会治理，关键在体制创新。"[①]一是充分发挥党的主导作用。在打造共建共治共享的社会治理格局过程中，要健全利益表达、利益协调机制，改革社会组织管理制度，完善社会治理基础制度建设，确保党始终总揽全局、协调各方，这是当代中国创新社

---

① 中共中央文献研究室编：《习近平关于全面建成小康社会论述摘编》，中央文献出版社2016年版，第141页。

会治理体制、实现系统治理不可动摇的根本原则。二是发挥社会的协同作用。充分调动各类社会组织的力量，积极参与社会治理和公共服务，从而实现多方共同参与治理的良性互动格局。

其次，不断创新社会治理方式。这里的"治理"，是关乎人类社会的行为规范，主要体现的是系统治理、依法治理、源头治理以及综合治理的有机统一。具体来讲，一是要创新系统治理，在充分发挥政府治理作用的同时，形成社会协同、公众参与、居民自治的良性互动格局，统筹解决生态环境问题。二是创新依法治理，这是社会治理创新的重要内容，要进一步加强法治保障，运用法治思维和法治方式化解社会矛盾，进一步彰显全面依法治国的战略布局。三是创新源头治理，实施一系列标本兼治的生态项目，从源头上预防、从基础上控制生态环境破坏，打造"天更蓝、水更清、地更绿"的生态环境。四是创新综合治理，建立健全社会信用体系、规范社会组织或群团组织发展，协调社会关系，解决社会问题。这些层面，从逻辑上都可以纳入"四大治理"的范畴，成为中国特色社会主义理论体系中不可或缺的组成部分。

最后，推进生态环境治理体系现代化。生态治理体系作为国家治理体系和治理能力现代化的重要内容，需要统筹兼顾、综合施策，这是生态文明建设融入社会建设的发力点。一是要加快推进环境管理战略转型，打破政府部门绝对主导、单向推动的管理模式，不断创新环境管理方式，注重约束与激励并举，更多地利用市场机制引导生态环境管理。二是完善管理体制机制，建立和完善生态环保综合管理体制、生态保护监管体制、环境执法体制等，实现生态环境治理的制度化、规范化和程序化。三是加强环保能力建设，通过构建环境执法监管体系、加强科技支撑和宣传引导、完善责任考核体系、提升环保传播能力等，努力形成生态文明建设的良好氛围。

（二）维护生态环境的权益

生态环境权益是一个复合概念，是人民群众最根本、最基础、最不可缺少的权益，既包括生态环境方面的权利，也包括生态环境方面的利益（如资源收益的配置和环境收益的配置等），是权利与利益的统一。维护和实现人民群众的生态环境权益，是新时代社会主义生态文明建设必须坚持的价值行为准则。

一方面，加大生态环境信息公开的力度。为了维护人民群众的生态环境权益，防范和避免生态环境群体性事件，必须要完善环境新闻发布制度。具体来讲，依据新时代历史方位和社会主要矛盾的变化，结合公众关注的社会热点现实问题，紧跟时代要求，围绕环保工作重点，提高新闻的实效性、规范性与大众接受性，力求准确、通俗、接地气；生态环境政策解读与新闻发布同步进行，积极向公众阐释相关政策，扩大社会共识，使公众增强生态理性，提高生态自觉，从而自觉地将经济发展、民生幸福、生态优化和社会和谐作为价值追求。

另一方面，完善生态环境公益诉讼制度。生态环境诉讼是指为了保护社会公共的生态环境权利和其他相关权利而进行的诉讼活动。基于人民群众环保法治意识不断提升的现实状况，环境问题公益化趋势越来越明显。因此，必须构建完善的环境公益诉讼制度、健全环境信息公开机制、提升环境公益诉讼的司法效能等，保障人民群众对浪费资源、污染环境、破坏生态等行为具有生态环境公益诉讼的权利，进一步保护公共环境和人民群众生态环境权益。总之，只有通过维护人民群众的生态环境权益，才能推动人权事业的发展，从而进一步推进生态治理。

（三）广泛形成绿色生活方式

生活方式是人们一切生活的总和，是人们在生存和发展过程中所有生活内容、生活结构、生活态度及日常生活的表现形式。绿色生活方式作为人的生活方式的一次深刻变革，则是包括生活习惯、消费理念、社会交往等多个层面在内的生态实践问题。它不仅体现了新时代人民群众对于美好生活需要的追求，也是践行中国特色社会主义生态文明思想的有效途径。习近平总书记在 2018 年全国生态环境保护大会上的重要讲话中多次强调，"要形成绿色生活方式"。党的十九届五中全会将"广泛形成绿色生产生活方式，碳排放达峰后稳中有降，生态环境根本好转，美丽中国建设目标基本实现"作为我国

"十四五"时期和 2035 年中长期发展的主要目标。这是新时期社会主要矛盾发生转变的重要表现，是促进全面绿色转型的必由之路，更是满足人民日益增长美好生活需要的有效路径，充分体现了以习近平同志为核心的党中央在经济社会发展上的战略定力和长远谋划。

一是强化价值引导，推动形成绿色生活方式理念自觉。观念是行动的先导，党的十九大报告中进一步强调，要"倡导简约适度、绿色低碳的生活方式，反对奢侈浪费和不合理消费，开展创建节约型机关、绿色家庭、绿色学校、绿色社区和绿色出行等行动"[①]。据此，要通过倡导光盘行动、推广循环使用商品、购买生态产品等方式，引导人民群众逐步树立力戒奢侈浪费、反对过度消费和不合理消费的正确观念，真正将简约适度、绿色低碳、文明健康的绿色生活理念内化于心、外化于行。同时，通过宣传教育、价值引导、文化培育等形式，为绿色生活方式的形成涵养"柔性的"文化内生动力，形成人人参与、共同推进的浓厚氛围，将人民群众对美好生活的向往转化为推进生活方式绿色转型的思想自觉和行动自觉，使绿色消费、绿色出行、绿色交往常态化。

二是构建长效机制，巩固拓展绿色生活方式转型成果。"民之所望，施政所向"。要在坚持和完善中国特色社会主义制度、推进国家生态治理体系和治理能力现代化的大框架下，建立健全绿色生活方式转型长效工作机制，杜绝一阵风、一刀切、一哄而上，推动绿色生活方式理念认同，进一步夯实绿色生活方式日常化、规范化的制度基础。首先，强化政府引导机制。建立横向到边纵向到底的一体化联动工作机制，把绿色生活宣教纳入宣传工作整体框架，加强对绿色生活方式的宣传引导，增强人民群众的生态意识。其次，建立综合评估机制。将绿色生活方式的践行及成效等纳入综合考评体系，开展绿色生活方式日常监测，推动人民群众自觉践行绿色生活方式。最后，建立绿色科技支撑机制。积极构建科技信息共享平台，推动科技人员加强绿色生

---

① 习近平：《决胜全面建成小康社会　夺取新时代中国特色社会主义伟大胜利——在中国共产党第十九次全国代表大会上的报告》，《人民日报》2017 年 10 月 28 日。

活方式转型研究，依托科技手段提高转型工作成效，形成全社会生活方式绿色转型的持久动力。

三是营造文化氛围，加快推进精神文明建设。加强精神文明建设，是滋润人心、德化人心、凝聚人心的意识形态领域的重要工作。对于如何推进人民群众生活方式绿色转型这一实践问题，要紧紧围绕建设美丽中国这一主题，大力弘扬和践行社会主义核心价值观，采取形式多样的宣传方式，坚持群众喜欢什么方式、比较容易接受什么方式，就采取什么样的宣传方式，积极通过诸如绿色文化墙、公益广告宣传、倡导文明节庆、健步走、光盘行动、公筷公勺等活动，加大绿色生活方式的普及教育。同时，大力弘扬中华优秀传统文化中的生态智慧，继承"天人合一""道法自然"等中华优秀传统文化，借鉴国外生态文化的有益成果，树立正确的生态价值观、生活观和消费观，让培育和践行绿色文化成为人们的高度自觉，从而推动形成节约适度、绿色低碳、文明健康的生活方式和消费模式，形成全社会共同参与的良好风尚。

由此可见，加快形成绿色生活方式是践行中国特色社会主义生态文明思想的关键一环，也是社会文明全面进步的客观要求。当前，我国已踏上大力推进生态文明建设的重要征程，全社会应全面推动环境教育，培育绿色生活方式，形成全社会推进绿色转型的强大合力。

生态文明建设是一项伟大的社会工程，要实现这一系统工程，必须立足"生态文明建设是'五位一体'总体布局中的其中一位"的新定位，将其贯穿和渗透到经济建设、政治建设、文化建设、社会建设各领域和全过程。这一战略体系表明了我们党加强生态文明建设的坚定意志和坚强决心，更是推进我国生态文明建设的新路径。

其中，从经济与生态的关系看，经济建设为促进中国社会整体文明进步提供了物质根本，生态发展为经济发展提供了生态支撑。要通过贯彻新发展理念，转变经济发展方式，并大力发展循环经济，确保将生态文明建设融入经济建设。

从政治与生态的关系看，政治建设为推动生态文明提供了基本保证，生态环境是民生问题，政府的导向、协调、强制等功能在生态文明建设中起着关键作用。要通过完善政府公共服务体系、健全生态文明建设制度体系以及构建生态环境法律法制框架等优化政治生态的路径，为扎实推进生态文明建设提供强大动力、根本保证和坚实后盾。

从文化与生态的关系看，文化建设为推进生态文明提供了发展灵魂，日益强烈的公民生态意识彰显着公众生态自觉的提升，建设生态文明成为公民共同的生存需求和价值选择。要通过牢固树立生态理念、大力培育生态文化、切实强化生态教育等措施，切实将生态文明建设融入文化领域。

从社会与生态的关系看，社会建设为推进生态文明提供了必要条件，建设生态文明是实现和谐社会的重要途径。要通过加强和创新社会管理、维护生态环境的权益、加快形成绿色生活方式等途径，逐步实现经济社会发展和自然生态的和谐统一，为和谐社会的建设提供强有力的支撑。

总之，将生态文明建设融入"五位一体"总体布局，既表明了党和国家执政理念和发展目标的深刻变革，而且为深入研究新时代中国特色社会主义生态文明思想的目标体系及其实践路径指明了方向，体现了我们党与时俱进的理论自觉和政治智慧。

第九章　新时代推进生态文明建设的成就经验

党的十八大以来，以习近平同志为核心的党中央把生态文明建设摆在治国理政的突出位置，大力推动生态文明理论创新、实践创新、制度创新，不仅取得了历史性成就和开创性发展，而且积累了丰富的生态治理经验。这些成就经验为建设美丽中国、实现中华民族永续发展提供了智慧资源与有益参考，为全球环境治理提供了"中国方案"。

一、新时代推进生态文明建设的主要成就

党的十九届六中全会指出，"党中央以前所未有的力度抓生态文明建设，美丽中国建设迈出重大步伐，我国生态环境保护发生历史性、转折性、全局性变化"[1]。本节主要从理念思路、战略部署、制度体系等方面全面凝练总结我国生态文明建设的主要成就。

（一）生态文明理念不断提升

理念是行动的先导。习近平总书记在山东东营考察时强调，"在实现第二

---

[1] 《中共中央关于党的百年奋斗重大成就和历史经验的决议》，《人民日报》2021年11月17日。

个百年奋斗目标新征程上，要坚持生态优先、绿色发展，把生态文明理念发扬光大，为社会主义现代化建设增光增色"①。这一论述揭示了生态文明理念对于推动生态文明高质量发展、探索中国式现代化新道路的重要意义。党的十八大以来，我们党不断以先进的理念思路推进生态文明建设，党的十八报告提出必须树立"尊重自然、顺应自然、保护自然"的生态文明理念；党的十九大修改通过的党章增加"增强绿水青山就是金山银山的意识"等内容；在博鳌亚洲论坛 2018 年年会开幕式上的主旨演讲中，习近平主席提出要"树立绿色、低碳、可持续发展理念"；2021 年习近平主席以视频方式出席《生物多样性公约》第十五次缔约方大会领导人峰会，提出"万物各得其和以生，各得其养以成"的理念。② 这些生态文明理念深刻体现了新发展理念的价值取向，揭示了发展与保护内在统一、相互促进、协调共生的方法论。在此基础上，为引导全社会牢固树立生态文明价值理念，着力推动构建生态环境治理全民行动体系，2021 年生态环境部、中央宣传部、中央文明办、教育部、共青团中央、全国妇联等六部门共同制定并发布《"美丽中国，我是行动者"提升公民生态文明意识行动计划（2021—2025 年）》，部署了研习、宣讲、新闻报道、文化传播、道德培育、志愿服务、品牌创建、全民教育、社会共建、网络传播等十大专题行动，不断增强公民生态文明理念，倡导践行绿色生产生活方式，把建设美丽中国转化为全社会自觉行动。这项活动开展以来，公众参与环境保护渠道不断拓展，社会共建美丽中国热情显著提升，生态文明理念提升大格局初步形成。

（二）生态文明战略部署不断加强

党的十八大以来，以习近平同志为核心的党中央把生态文明建设作为关系中华民族永续发展的根本大计，摆在治国理政的重要位置，谋划开展一系列具有根本性、长远性、开创性的工作，作出一系列事关全局的重大战略部

---

① 《习近平在深入推动黄河流域生态保护和高质量发展座谈会上强调　咬定目标脚踏实地埋头苦干久久为功为黄河永远造福中华民族而不懈奋斗》，新华社，2021 年 10 月 22 日。

② 刘湘溶：《推动我国生态文明建设迈上新台阶》，《光明日报》2018 年 06 月 04 日。

署。在"五位一体"总体布局中，生态文明建设是重要组成部分；在新时代坚持和发展中国特色社会主义基本方略中，坚持人与自然和谐共生是一条基本方略；在新发展理念中，绿色是一大理念；在三大攻坚战中，污染防治是一大攻坚战；在到 21 世纪中叶建成富强民主文明和谐美丽的社会主义现代化强国目标中，美丽中国是一个重要目标。2018 年中共中央、国务院印发《关于全面加强生态环境保护　坚决打好污染防治攻坚战的意见》，对加强生态环境保护、打好污染防治攻坚战作出了全面部署。2019 年，党的十九届四中全会对生态文明建设进行了系统部署，为生态文明建设新阶段国家治理体系和治理能力现代化描绘了制度建设的蓝图，为继续深入推进污染防治奠定了坚实基础。2020 年 10 月，党的十九届五中全会通过《中共中央关于制定国民经济和社会发展第十四个五年规划和二〇三五年远景目标的建议》，明确提出2035 年"美丽中国建设目标基本实现"的远景目标和"十四五"时期"生态文明建设实现新进步"的新目标新任务，并就"推动绿色发展，促进人与自然和谐共生"作出具体部署，为新时代加强生态文明建设提供了方向指引和行动指南。这些都集中体现了生态文明建设在新时代党和国家事业发展中的战略地位，坚持让生态文明建设成为"国之大者"。

（三）生态环境质量持续改善

改善生态环境质量是推进生态文明建设的重要任务。党的十八大以来，我们深入学习贯彻新时代中国特色社会主义生态文明思想，污染防治力度加大，生态环境明显改善，美丽中国建设迈出坚实步伐。2021 年国民经济和社会发展计划中生态环境领域 8 项约束性指标顺利完成，污染物排放持续下降。全国地级及以上城市优良天数比率为 87.5%，同比上升 0.5 个百分点；$PM_{2.5}$浓度为 30 微克 / 立方米，同比下降 9.1%；臭氧浓度为 137 微克 / 立方米，同比下降 0.7%；连续两年实现 $PM_{2.5}$、臭氧浓度双下降，超标天数、比例双下降。与此同时，京津冀及周边"2+26"城市、长三角地区、苏皖鲁豫交界地区 $PM_{2.5}$ 平均浓度同比分别下降 18.9%、11.4% 和 12.8%，臭氧平均浓度同比分别下降 5%、0.7% 和 4.9%；汾渭平原区域 $PM_{2.5}$ 平均浓度同比下降 16%。

全国地表水优良水质断面比例为 84.9%，同比上升 1.9 个百分点；劣 V 类水质断面比例为 1.2%，同比下降 0.6 个百分点；单位 GDP 二氧化碳排放指标达到"十四五"序时进度要求；氮氧化物、挥发性有机物、化学需氧量、氨氮等 4 项主要污染物总量减排指标顺利完成年度目标。[①] 这些生态文明成就不仅推动我国生态环境保护发生了历史性、转折性、全局性的变化，而且为建设美丽中国、实现人与自然和谐共生现代化提供了重要支撑。

（四）生态文明制度体系更加完善

"经国序民，正其制度"，习近平总书记指出，"我国生态环境保护中存在的一些突出问题，一定程度上与体制不健全有关"。党的十八大以来，我们党和国家始终将生态文明建设作为事关"两个一百年"奋斗目标的重大战略任务，加快推进生态文明顶层设计和制度体系建设，相继出台《关于加快推进生态文明建设的意见》《生态文明体制改革总体方案》《大气污染防治行动计划》等，制定了 40 多项涉及生态文明建设的改革方案，[②] 修订近 30 部生态环境与资源保护相关法律，组建生态环境部、自然资源部，省以下生态环境机构监测监察执法垂直管理制度、自然资源资产产权制度、河（湖、林）长制等改革举措全面实施。这一系列制度体系创新，构建了产权清晰、多元参与、激励约束并重、系统完整的生态文明制度体系，使人民群众的生态文明制度意识进一步提升，制度认同感进一步强化，生态文明"四梁八柱"性质的制度体系基本形成，[③] 制约生态文明建设的关键体制机制障碍逐渐破除，生态文明领域的各项改革扎实推进，生态文明治理能力和治理水平不断提高。

（五）全球环境治理贡献日益凸显

生态文明建设关乎人类未来。面对生态环境挑战，人类是一荣俱荣、一

---

① 黄润秋：《凝心聚力　稳中求进　不断开创生态环境保护新局面——在二〇二二年全国生态环境保护工作会议上的工作报告》，《中国环境报》2022 年 1 月 17 日。

② 穆虹：《坚持和完善生态文明制度体系》，《经济日报》2020 年 1 月 2 日。

③ 孙金龙：《我国生态文明建设发生历史性转折性全局性变化》，《人民日报》2020 年 11 月 20 日。

损俱损的命运共同体。党的十八大以来，我国秉承人类命运共同体理念，坚定不移走绿色、低碳、可持续发展之路，与联合国在防治荒漠化、环境保护、生物多样性治理等方面深入合作，成效显著。具体来讲，我国坚定捍卫以联合国为核心的国际体系和以国际法为基础的国际秩序，率先发布《中国落实2030 年可持续发展议程国别方案》；我国对全球绿化增量的贡献居世界首位，2000 年到 2017 年全球新增的绿化面积中，25% 以上来自中国；积极引领全球气候变化谈判进程，推动《巴黎协定》达成、签署、生效和实施；作出力争 2030 年前实现碳达峰、2060 年前实现碳中和的庄严承诺，促进经济社会发展全面绿色转型，树立了负责任大国的形象；同联合国环境署等国际机构发起建立"一带一路"绿色发展国际联盟，让生态文明的理念和实践造福沿线各国人民；成功举办《生物多样性公约》缔约方大会第十五次会议第一阶段会议，通过《昆明宣言》，同各方一道推动全球生物多样性治理迈上新台阶；等等。目前，我国已与 100 多个国家开展了生态环境国际合作与交流，与 60多个国家、国际及地区组织签署了约 150 项生态环境保护合作文件，[①] 成为全球生态文明建设的重要参与者、贡献者、引领者，为全球环境治理作出了积极贡献。

综上可以看到，近年来我国生态文明建设的高质量发展来之不易。但同时我们也清楚地认识到，我国仍处于生态环境保护和经济发展协同共进的攻坚期，结构性、体制性、周期性问题相互交织，绿色生产生活方式尚未完全形成，实现碳达峰、碳中和任务艰巨，能源资源利用效率不高，生态环境治理成效尚不稳固，生态环境质量与人民群众的要求还有不小的差距，绿色技术总体水平不高，推动绿色发展的政策制度有待完善，"生态环保任重道远"。因此，要坚持绿色发展的战略定力，让生态文明建设成为经济、政治、社会、文化各方面建设的良好支撑，推动我国生态文明建设不断迈上历史新台阶。

---

① 郑军：《全面提升参与全球环境治理能力和水平》，《中国环境报》2020 年 6 月 17 日。

二、新时代推进生态文明建设的创新发展

纵观中国共产党生态文明建设演进历程，可以看出，我们党对于生态环境保护与生态建设的认识有一个逐步深入、与时俱进的发展过程。这一演进历程，是随着中国经济建设、社会发展和改革开放进程而不断校正、深化和完善的，是在实践中不断应对现实问题、总结经验教训的过程中前进的。[①] 回顾分析我国生态文明建设奋斗历程，无论是在理论还是实践上，都表现出巨大的创新。深入研究和总结这些创新发展，可以为建设美丽中国、构建人与自然和谐共生的现代化提供指引和借鉴。

（一）理念升华：由理念借鉴到原创性引领的历史性飞跃

以什么样的视野和思路去部署发展战略，解决生态问题，与其持有的发展理念密切相关。新中国成立70多年来，中国共产党始终高度重视生态文明建设理念的创新，在生态文明建设实践过程中进行了开创性的理论探索。具体来讲，在社会主义革命和建设时期，中国共产党人对生态环境建设的探索更多以经济发展与效率优先为基本导向，"人定胜天""土地潜力无穷尽，亩产多少在人为""战天斗地"等理念是这一阶段的真实写照，并形成了以"厉行节约、勤俭建国"为中心的单纯的经济发展观。改革开放以后，党和政府开始注重经济发展与生态环境的辩证关系，生态文明理念主要历经了环境保护基本国策思想、可持续发展战略思想、"两型社会建设"思想，完成了从微观生态环境保护观到宏观可持续发展观的转变。

党的十八大以来，以习近平同志为核心的党中央以高度的理论自觉和实践自觉，深刻把握新时代的新形势新矛盾新特征，生态环境保护理念也实现了从过去的借鉴到原创性引领的历史性飞跃。诸如先后提出"牢固树立尊重

---

① 陈延斌、周斌：《新中国成立以来中国共产党对生态文明建设的探索》，《中州学刊》2015年第3期。

自然、顺应自然、保护自然的生态文明理念"[①]；"我们既要绿水青山，也要金山银山。宁要绿水青山，不要金山银山，而且绿水青山就是金山银山"的"两山论"；"生态兴则文明兴，生态衰则文明衰"的人类文明发展理念；创新、协调、绿色、开放、共享的新发展理念；"人类命运共同体"的全球发展理念等。应该说，这一系列生态为民、生态利民、生态惠民的理念，为全球生态保护提供了中国理念、中国智慧和中国方案，标志着共产党人对"为什么建设生态文明、建设什么样的生态文明、怎样建设生态文明"等理论问题的思考与实践逐渐清晰。

（二）战略调整：由环境保护建设到国家战略部署的历史性跨越

在中国共产党的领导下，人们对生态文明建设的认知经历了一个漫长过程。早在新中国成立之初，我国就陆续开始了大规模的河流治理、植树造林、水土保持、野生动植物资源保护、"三废"污染调查和"变废为宝"等重要工作，为当代中国环境保护事业兴起奏响了序曲。20 世纪 70 年代，环境保护被提上国家管理议事日程，被确定为基本国策。随后，可持续发展成为国家战略，建设资源节约型和环境友好型社会，生态环境保护的战略地位不断提升。2007 年党的十七大报告中，第一次提出建设生态文明，将其纳入全面建设小康社会的总目标中，标志着生态文明建设被纳入国家战略层面，但尚未实现生态文明建设地位的根本性突破。

党的十八大以来，中国共产党不断深化对生态环境保护的认识，将生态文明建设作为实现中国特色社会主义建设事业"五位一体"总体布局的重要内容，生态文明建设正式成为国家战略；将生态文明建设作为党中央治国理政总方略"四个全面"战略布局的重要内容；将生态文明建设作为实现中华民族伟大复兴中国梦的重要内容；将生态文明建设作为建设富强民主文明和谐美丽社会主义现代化强国的重要目标。同时，对生态文明建设的战略部署不断加强。可以说，"五位一体"总体布局论凸显了生态文明建设的战略地

[①]《深入学习习近平同志系列讲话精神》，人民出版社 2013 年版，第 106 页。

位，回答了如何认识社会主义生态文明建设的问题；"四个全面"战略布局论凸显了生态文明建设的战略举措，回答了怎样建设生态文明的问题；中国梦伟大愿景论凸显了生态文明建设的历史使命，回答了为什么建设生态文明的问题；建设富强民主文明和谐美丽的社会主义现代化强国，既表明了生态文明建设在社会主义现代化建设总目标中的应有地位，又极大凸显出生态文明建设的伟大目标、实现愿景。[①] 这些论述既体现了中国共产党生态文明建设的与时俱进，同时昭示着我们党对生态文明建设的认识达到了一个新的境界。

（三）制度创新：由区域规章制度到党章国法的历史性转变

我国生态文明建设的一大优势是政府具有自上而下推动生态环保事业的理论自觉。新中国成立 70 多年来，我们党十分重视生态文明建设的顶层设计，不断完善制度保障。1973 年 8 月，国务院召开第一次全国环境保护会议，通过我国第一部环境保护法律，确定了"保护环境、造福人民"的环保战略方针。1978 年宪法第一次列入了"国家保护环境和自然资源，防治污染和其他公害"的内容。改革开放后，我国环境保护意识更加明确。1979 年通过的《中华人民共和国环境保护法（试行）》，标志着我国的环境保护进入了法治化进程。

党的十八大以来，以习近平同志为核心的党中央更加重视生态文明制度建设，一是生态文明领域的顶层设计日趋完善。近年来，相继出台了《关于加快推进生态文明建设的意见》《生态文明体制改革总体方案》等生态文明和环境保护改革方案，生态文明制度体系逐步确立、日趋完善，构筑了生态文明建设顶层设计的"四梁八柱"。二是生态文明领域的法律法规体系不断健全。"史上最严"的新环境保护法自 2015 年开始实施；2016 年陆续出台《大气污染防治行动计划》《水污染防治行动计划》《土壤污染防治行动计划》，进一步强化了政府对环境保护监管职责和企业污染防治责任；2018 年生态文明建设通过宪法上升为国家意志，为今后制定更细致有效的环境法规提供了根

---

① 潘家华等：《生态文明建设的理论构建与实践探索》，中国社会科学出版社 2019 年版，第 15 页。

本法律遵循。三是生态文明领域的监管体制机制不断推进。近年来，先后出台了《环境监察办法》《环境监测管理办法》等 100 多项政策规章，努力实现生态文明建设在各领域各环节均有法律政策可依、有规章制度可循。2018 年 6 月 16 日公布的《中共中央国务院关于全面加强生态环境保护坚决打好污染防治攻坚战的意见》，进一步将"坚持保护优先"作为首条基本原则。这些具体举措，不断将生态文明建设纳入制度化法治化轨道，是我国生态文明事业得以顺利推进的重要保障，标志着生态文明建设制度从当初的区域规章制度上升到了党章国法的高度，为破解生态环境保护中的难题提供了有力保障。

三、新时代推进生态文明建设的基本经验

生态文明建设不仅是一个人与自然和谐共生的时代命题，也是一个实现高质量发展的实践课题，更是一场实现人民群众美好生活的"绿色革命"。党的十八大以来，在新时代中国特色社会主义生态文明思想的指导下，"五位一体"总体布局系统推进，生态文明建设取得了重大成就和创新发展。如何继续推动我国生态文明建设向纵深化、科学化发展，不仅需要理论创新，更需要总结我国生态文明建设的经验启示，为实现美丽中国和中华民族永续发展提供指引借鉴。

（一）坚持中国共产党的领导，为生态文明建设提供根本保障

生态环境是关系党的使命宗旨的重大政治问题，也是关系民生的重大社会问题。中国共产党自成立以来，党中央历代领导集体立足社会主义初级阶段基本国情，在领导中国人民摆脱贫穷、发展经济、建设现代化的历史进程中，深刻把握人类社会发展规律，着眼不同历史时期社会主要矛盾发展变化，历经了从以救荒生产为目的的新民主主义革命时期，到统筹兼顾人口资源环境的新中国成立初期，到实施可持续发展战略的改革开放时期，再到推动生态文明建设高质量发展的中国特色社会主义新时代的演进历程。

从 1978 年环境保护的正式入宪到"可持续发展""科学发展观"的提出，再到党的十八大将生态文明建设纳入"五位一体"总体布局，把"中国共产党领导人民建设社会主义生态文明"写入党章。这一发展过程充分表明我国生态文明建设作为一种执政理念和实践形态，始终贯穿于中国共产党带领全国各族人民实现全面建成小康社会奋斗目标的过程中，贯穿于实现中华民族伟大复兴美丽中国梦的历史愿景中，[①] 充分体现了中国共产党从政策层面到实践层面对生态文明建设的战略部署和系统要求。可以说，中国共产党始终是生态文明建设事业的领导力量，一系列事关生态文明建设重大发展战略的出台、实施、推进，充分发挥了中国共产党的制度优势和政治优势，凸显了中国共产党是与时俱进的马克思主义政党，这是推进新时代生态文明建设的坚强保证。

（二）坚持马克思主义人与自然关系理论，为生态文明建设提供了理论指导

人与自然的关系是人类社会最基本的关系。马克思主义认为，人类是自然的有机组成部分，与自然是统一的有机整体，彼此相互影响、相互制约、紧密联系、不可分割，这为我国生态文明建设提供了方法论指导。习近平总书记坚持运用辩证唯物主义和历史唯物主义的世界观和方法论，在对几代党中央领导集体中国化马克思主义生态思想继承创新的基础上，深刻阐述了事关生态文明建设全局的一系列重要问题，诸如经济发展和生态环境保护的关系、保护生态环境和保护生产力的关系、经济社会发展和资源环境承载力的关系、自然生态财富和经济社会财富的关系等，使"人与自然和谐共生"成为新时代中国特色社会主义生态文明思想在人与自然关系问题上的创新成果，为实现美丽中国建设目标提供了一定的理论借鉴。

（三）坚持以人民为中心的立场，为生态文明建设提供了价值遵循

坚持人民至上，站稳人民立场，是以习近平同志为核心的党中央治国

[①] 黄承梁：《中国共产党领导新中国 70 年生态文明建设历程》，《党的文献》2019 年第 5 期。

理政的鲜明特点，体现在统筹推进"五位一体"总体布局的各方面和全过程。我国生态文明建设之所以能够取得如此伟大的成就，就在于我们始终坚持人民立场，将满足人民群众优美生态环境需要确立为生态文明建设的出发点和落脚点，将维护人民群众的生态环境权益作为生态环境治理的根本考量。特别是党的十八大以来，我国生态文明建设从认识到实践都发生了历史性、转折性、全局性的变化，习近平总书记多次强调环境保护在民生事业中不可或缺的地位，先后提出"环境就是民生，青山就是美丽，蓝天也是幸福""发展经济是为了民生，保护生态环境同样也是为了民生""良好生态环境是最公平的公共产品，是最普惠的民生福祉"等观点，充分体现了以习近平同志为核心的党中央深厚的民生情怀和强烈的责任担当。同时，在推进生态文明建设过程中，我们坚持生态惠民、生态利民、生态为民，始终将以绿色发展观为核心的生态动力观，以生态环境优美为核心的人民生态观，以人与自然共生共荣为核心的系统生态观，以人类命运共同体为核心的生态合作观作为价值遵循，不断满足人民日益增长的优美生态环境需要。这是我们党一切行动的根本出发点和落脚点，也是推进生态文明建设的一条主线和重要经验。

（四）坚持新时代中国特色社会主义生态文明思想，为生态文明建设提供了科学指导

党的十八大以来，以习近平同志为核心的党中央谱就了中国特色社会主义生态文明新篇章，形成了新时代中国特色社会主义生态文明思想。这一思想作为习近平新时代中国特色社会主义思想的重要组成部分，科学回答了生态文明建设的历史规律、根本动力、发展道路、目标任务等重大理论课题，构建了一套相对完善的关于生态文明建设的理论体系，集中体现了我们党的历史使命、执政理念、责任担当。我国生态文明建设和生态环境保护从认识到实践之所以发生历史性变革，取得历史性成就，正是归根于新时代中国特色社会主义生态文明思想的科学指引。

思想引领行动，价值决定方向。在新时代中国特色社会主义生态文明思想的指引下，我国生态文明建设进入认识最深、力度最大、举措最实、推进最快、成效最好的发展"快车道"，生态文明建设逐渐融入政治、经济、文化、社会建设的全方位和全过程，重要领域和关键环节实现了历史性突破，总体上呈现全面发力、纵深推进的良好态势。

本章主要从生态文明理念不断增强、生态文明战略部署不断加强、生态环境质量持续改善、生态文明制度体系更加完善、全球环境治理贡献日益凸显等层面，凝练了我国生态文明建设取得的主要历史成就。

同时，从理念升华（由理念借鉴到原创性引领的历史性飞跃）、战略调整（由环境保护建设到国家战略部署的历史性跨越）、制度创新（由区域规章制度到党章国法的历史性转变）等层面总结了我国生态文明建设在理论实践上的巨大创新发展。

在此基础上，围绕我国生态文明建设的具体理论与实践，将坚持中国共产党的领导、坚持马克思主义人与自然关系理论、坚持以人民为中心的立场、坚持新时代中国特色社会主义生态文明思想等基本经验进行全面、系统、科学的梳理，以期为新时代生态文明建设提供智慧资源与有益参考。

总之，上述内容构成了一个结构明晰、层层递进、良性互动的有机整体，体现了生态文明建设在中国特色社会主义事业中的重要战略地位和党对生态文明建设的科学部署和系统要求。在这个承前启后、继往开来的关键节点，认真总结我国生态文明建设取得的主要成就、创新发展和基本经验，对于全面推进生态文明建设具有重要的理论价值和实践意义。

第十章 新时代中国特色社会主义生态文明思想的实践样本

"建设生态文明，关系人民福祉，关乎民族未来。"党的十九届五中全会指出，我国经济已由高速增长阶段转向高质量发展阶段。[①] 这是基于我国发展条件和发展阶段作出的重大判断。更加自觉地坚持和践行新时代中国特色社会主义生态文明思想，提高经济发展的质量和效率，成为我国经济社会适应高质量发展要求、跨越更高发展阶段的思维起点和行动逻辑。当前，我国生态文明建设在环境保护意识、资源能源利用效率、生态环境治理能力等方面取得了显著成效。但同时也要看到，新时代中国特色社会主义生态文明思想厚植于当代中国的生态文明建设实践，贯彻践行这一思想的关键点，则是因地制宜、持之以恒地推进全国各地的生态文明建设，[②] 不断提高运用党的创新理论指导生态环境保护工作的能力，为推动生态文明建设的高质量发展、建设美丽中国、实现中华民族永续发展贡献力量。

回顾近年来习近平总书记在云南、浙江、陕西、山西等地考察时对生态文明建设提出的要求，始终体现出全面建设和发展社会主义的战略考量。在

[①] 《中共中央关于制定国民经济和社会发展第十四个五年规划和二〇三五年远景目标的建议》，《人民日报》2020 年 11 月 4 日。

[②] 郇庆治、张沥元：《习近平生态文明思想与生态文明建设的"西北模式"》，《马克思主义哲学研究》2020 年第 1 期。

浙江，他指出，要"把绿水青山建得更美，把金山银山做得更大，让绿色成为浙江发展最动人的色彩"；在山西，他指出，统筹推进山水林田湖草系统治理，抓好"两山七河一流域"生态修复治理，扎实实施黄河流域生态保护和高质量发展国家战略；在陕西，他强调，"秦岭和合南北、泽被天下，是我国的中央水塔，是中华民族的祖脉和中华文化的重要象征"。而诸如浙江安吉、山西右玉、陕西延安等地的生态文明建设，都已成为践行生态文明思想的生动范例，为全国生态文明建设提供了可供推广的成功经验。

一、浙江安吉创建中国"最美县域"的典型范例

（一）安吉的生态文明建设概况

安吉县位于浙江省西北部，是长江三角洲经济区迅速崛起的一个对外开放景区，南靠天目山，面向沪宁杭。全县下辖8镇3乡4街道、1个国家级旅游度假区、1个省级经济开发区和1个省级产业示范区，素有"中国竹乡""中国转椅之乡""中国白茶之乡"等美誉。20世纪末，作为浙江贫困县之一的安吉，为脱贫致富走上了"村村点火，户户冒烟"的工业立县之路。造纸、造水泥、开矿、化工、建材、印染等粗放型企业相继崛起，经济在短期内快速增长，顺利摘掉了贫困县的"帽子"，却严重破坏了当地生态环境。

1998年，安吉县开始下决心改变恶劣的生态环境，对全县74家水污染企业进行强制治理，关闭33家污染企业，243家矿山企业整治后只剩下达标的17家。2001年，安吉县确定了"生态立县"发展战略，不断探索以最小的资源环境代价谋求经济、社会最大限度的发展。2008年，安吉以"两山"理念为指引，开始实施以"中国美丽乡村"为载体的生态文明建设，围绕"村村优美、家家创业、处处和谐、人人幸福"的目标，实施了环境提升、产业提升、服务提升、素质提升"四大工程"。

经过十余年努力，安吉始终把保护环境作为发展的底线，将生态优势转化为经济优势，实现了从"矿山"到"青山"，从"卖石头"到"卖风景"的

转变，成为"安且吉兮"的宜居宜业宜游之地，更成为践行"绿水青山就是金山银山"理念的生动样本。习近平总书记点赞安吉，"像浙江安吉等地，美丽经济已成为靓丽的名片，同欧洲的乡村相比毫不逊色"。2020年，在全国新冠肺炎疫情防控进入常态化，但全球疫情形势依然严峻的时刻，习近平总书记考察浙江时再访安吉县余村，指出"这里的山水保护好，继续发展就有得天独厚的优势，生态本身就是经济，保护生态，生态就会回馈你"。同时，也是向全国人民指明了经过实践检验的真理，"绿色发展的路子是正确的"。如今，"'绿水青山就是金山银山'理念已经成为全党全社会的共识和行动，成为新发展理念的重要组成部分。实践证明，经济发展不能以破坏生态为代价，生态本身就是经济，保护生态就是发展生产力"。

（二）安吉践行新时代中国特色社会主义生态文明思想的举措

首先，提升认识，自觉践行"两山论"理念。生态文明建设功在当代，利在千秋。2005年8月15日，时任浙江省委书记的习近平来到安吉县余村考察，对村里关闭矿区、走绿色发展之路的做法给予了高度肯定，并首次提出了"绿水青山就是金山银山"的论断。随后，距考察余村不久，习近平在《浙江日报》"之江新语"栏目发表评论，进一步明确指出"生态环境优势转化为生态农业、生态工业、生态旅游等生态经济的优势，那么绿水青山也就变成了金山银山"。这些具有前瞻性的论述坚定了当地生态立县、协调发展的决心。自此以来，安吉县坚持算大账、算长远账，自觉践行"当生产与生活发生矛盾时，优先服从于生活；当项目与环境发生矛盾时，优先服从于环境；当开发与保护发生矛盾时，优先服从于保护"的"两山论"理念。一是引导广大群众树立崇尚自然、保护生态的意识，在报社、电台等媒体开辟专栏，组织开展"环境保护与经济发展"等主题教育活动；将生态文明写入小学生教材，写入村规民约，加强生态文明价值观教育。二是全方位挖掘弘扬生态文化。围绕生态环境和文化系列品牌建设，突出农耕文化系列品牌的探索与建设，开展村落农耕文化的规划与试点；积极做好文物资源的管理、保护和发掘工作，对文保单位加强维修保护。三是多角度展示生态文化成果。扎实开展"三创一建"活动，推进生态乡镇、文明乡镇，小康村、生态村等创建活动。通过上述措施，逐渐凝聚起生态优先、绿色发展的共识。

其次，加快发展，构筑可持续发展格局。一是注重绿色文化发展。安吉十分注重对特色建筑的保护和地方特色文化内涵的挖掘，并将其与乡村氛围很好地结合，贯穿于规划、设计、建设的各阶段。同时按山区、平原、丘陵等不同地理形态和产业布局状况，将全县 15 个乡镇和 187 个行政村按照宜工则工、宜农则农、宜游则游、宜居则居、宜文则文的原则，划分为"一中心五重镇两大特色区块"和 40 个工业特色村、98 个高效农业村、20 个休闲产业村、11 个综合发展村和 18 个城市化建设村，明确发展目标和创建任务。二是推动工业经济转型发展。安吉县引导企业牢固树立生态经营与绿色产出的发展理念，坚持集中布局、集聚产业和集约发展的原则，促进产业转型升级。同时，立足生态特色，放大生态效应，积极探索生态型循环经济发展道路。三是加快休闲经济发展步伐。充分发挥安吉在区位、产业、资源、生态等方面的优势，突出放大"中国美丽乡村""中国竹乡、生态安吉""中国大竹海""黄浦江源"等建设品牌效应，强化经营村庄、经营基地、构建大景区理念，着力推进生态休闲产业发展。四是完善绿色金融产业发展。2016年 5 月，安吉农商银行率先成立绿色金融事业部，以绿色信贷的全流程管理作为突破口，通过探索构建绿色组织体系、绿色指标体系、绿色考评体系，不断创新绿色信贷产品，引导全社会更加注重生态环境保护和绿色产业发展。

最后，创新制度，护航"两山"转化。生态文明建设是一个长期的过程，安吉依靠最严格制度、最严密法治保护生态环境，为当地生态文明建设提供了有效保障。一是完善考核机制。先后制定了《安吉县生态文明先行示范区建设工作实施方案》和《部门目标责任考核办法》，彻底扭转"以 GDP 论英雄"的局面，把民生改善、社会进步、生态效益等指标和实绩作为考核标准。同时，还制定出台大气、水污染防治工作实施方案和考核办法等配套政策。二是建立健全资源生态环境管理制度。完善了《生态县建设总体规划》，调整生态农业、生态工业、生态旅游、生态文化、生态人居、生态城市等专项规划，探索出"一张蓝图干到底"的多规融合模式，成为首个省级规划调整完善试点样板区。三是实施自然资源离任审计制度。把审计内容细化到土地、水、森林资源管理和矿山生态环境治理、生态环境保护等领域，积极推进编制自然资源资产负债表工作，建立更加常态化、标准化、规范化的自然资源资产离任审计制度。四是实现农村"垃圾不落地"。由农户及沿街门店将农村垃圾分类后，定时定点投放，定时清运，桶车对接，密闭运输。2016 年 11 月，制定《农村生活垃圾不落地收集实施办法（试行）》，通过完善垃圾收集设施，规范垃圾收集方式，不断改善村庄卫生环境，成功创建美丽乡村行政村 179 个、建成精品村 164 个，12 个乡镇实现全覆盖。

（三）安吉践行新时代中国特色社会主义生态文明思想的经验启示

安吉，这个"两山论"诞生地、中国美丽乡村建设的发源地、绿色发展的先行地，用扎实行动诠释了"绿水青山就是金山银山"，为推进生态文明建设提供了生态样本，也为其他类似资源禀赋地区实现跨越式发展提供了经验借鉴。

首先，坚持"绿水青山就是金山银山"的发展理念。安吉从曾经的采矿污染到现在依山傍水的绿色经济，从过去的靠山吃山到现在的绿水青山，多年来，安吉县在"绿水青山就是金山银山"科学理念的指引下，率先转变经济发展方式，发挥生态环境优势，以家庭民宿、水上漂流、全域旅游、果蔬采摘等生态产业为主体实现了"绿水青山就是金山银山"的转化，初步探索出一条生态美、产业兴、百姓富的绿色发展之路。当前，安吉"中国美丽乡村"建设模式成为"国家标准"、全国唯一"绿水青山就是金山银山"理论实践试点县、"绿水青山就是金山银山"实践创新基地、国家生态文明建设示范市县，形成了生态文明建设与"绿水青山就是金山银山"理念相融合的"安吉经验"和"安吉实践"。

其次，坚持以人民为中心，增进民生福祉。习近平总书记指出，"良好生态环境是最公平的公共产品，是最普惠的民生福祉"。我们的一切工作，都是为了人民，改善生态、改善民生也是如此。安吉美丽乡村建设坚持民生优先，共享发展成果，大力推进城镇公共服务不断向农村基层延伸的同时，加快推进公共服务供给由"扩大覆盖保基本"向"提升内涵谋发展"转变，在美丽乡村基础配套、精品建设中不断夯实民生福祉，充分发挥农民主体作用，提升幸福指数。

再次，坚持标准化建设，确保生态品质。通过构建框架完整、有机配套、动态灵活、社会参与的标准体系，安吉县将标准的理念、标准的方法、标准的要求和标准的技术应用于新农村建设的各个领域，并总结提炼出美丽乡村建设的通用要求和细化标准，即《美丽乡村建设指南》，增强了美丽乡村建设的可操作性、科学性和社会参与性。同时，实施绿色评价标准化战略，这一标准是建立在统计数据、监测数据、问卷调查基础上的绿色发展水平的量化标准和指标体系，推动了美丽乡村科学化、规范化、高效化建设。

最后，坚持协同治理格局，久久为功。从 2001 年确立"生态立县"，到 2008 年开展"中国美丽乡村"建设，再到党的十八大后打造美丽乡村升级版，安吉始终把环境保护与经济发展紧密地联结在一起，齐抓共管，形成政府引导、企业主导、公众参与的协同治理格局。正是由于充分发挥了政府、企业、中介组织、社会团体和社会公众参与生态文明建设的积极性、主动性和创造性，才形成了社会合力，保证了浙江的绿色发展走在全国前列。[①]

二、塞罕坝林场推进生态文明建设的可贵探索

（一）塞罕坝的生态文明建设概况

"塞罕"是蒙语，意为"美丽"，"坝"为汉语，意为"高岭"，"塞罕坝"，意为"美丽的高岭"。塞罕坝林场是河北省林业厅直属的大型国有林场，位于河北省最北部、承德市围场满族蒙古族自治县北部坝上地区。半个多世纪前，这里还是"黄沙遮天日，飞鸟无栖树"的荒僻苦寒之地。从 1962 年至今，三

---

① 光明日报调研组：《生态文明建设的"安吉密码"——浙江省安吉县践行"两山"重要思想调研》，《光明日报》2017 年 12 月 1 日。

代塞罕坝林场人在极其恶劣的生态环境中，以坚韧不拔的斗志和永不言败的担当，坚持植树造林，营造出一片112万亩的世界上面积最大的人工林海，创造了高寒沙地生态建设史上的绿色奇迹。如今，塞罕坝每年为京津地区输送净水1.37亿立方米、释放氧气55万吨，成为守卫京津的重要生态屏障。

2017年8月，习近平总书记对塞罕坝林场事迹作出重要指示：55年来，河北塞罕坝林场的建设者们听从党的召唤，在"黄沙遮天日，飞鸟无栖树"的荒漠沙地上艰苦奋斗、甘于奉献，创造了荒原变林海的人间奇迹，用实际行动诠释了"绿水青山就是金山银山"的理念，铸就了牢记使命、艰苦创业、绿色发展的塞罕坝精神。[①] 可以说，塞罕坝半个多世纪的辉煌成就，深刻诠释了"绿水青山就是金山银山"的理念，更是印证了习近平总书记关于"保护生态环境就是保护生产力、改善生态环境就是发展生产力"的精辟论断，成为践行生态文明思想的生动写照。

（二）塞罕坝林场践行新时代中国特色社会主义生态文明思想的举措

一是完善制度建设，推进绿色产业发展。建设生态文明，是一场涉及生产方式、生活方式、思维方式和价值观念的革命性变革。塞罕坝地处国家级贫困县境内，脆弱的生态环境和区域贫困在地理空间上高度耦合。如何找到经济发展与环境保护之间的平衡点，是摆在新时期塞罕坝人面前的最大考题。多年来，塞罕坝林场因地制宜，坚持探索生态脆弱地区林场建设和管理的模式，坚持加强森林资源管护，在护林防火、有害生物防治、经营管理、质量考核等方面形成一系列行之有效的制度成果，为林场提供了良好的发展环境。林场严守生态红线的同时，不断加快产业结构调整，培育林业产业新的经济增长点，打造科学发展新引擎，推动绿色经济崛起。诸如近年来，林场大幅压缩木材采伐量，为资源的永续利用和可持续发展奠定了基础，且建立了极为严格的林业生产责任追究制，一旦发现超蓄积、越界采伐林木行为，实行

---

① 《习近平对河北塞罕坝林场建设者感人事迹作出重要指示强调　持之以恒推进生态文明建设　努力形成人与自然和谐发展新格局》，新华网，2017年8月28日。

一票否决制，坚决追究责任。目前，森林面积在不断增加，森林质量越来越好。① 正如习近平总书记所说，"绿水青山可以源源不断地带来金山银山，绿水青山本身就是金山银山，我们种的常青树就是摇钱树，生态优势变成经济优势，形成了一种浑然一体、和谐统一的关系"。

二是加强科技创新，精心呵护"绿色银行"。建设生态文明，要以资源环境承载能力为基础，尊重自然规律。塞罕坝的成功，贵在尊重自然、矢志创新的坚守，成在钻研技术、永不言败的担当。50 多年来，塞罕坝人始终依靠科学技术，将林学理论同塞罕坝实际相结合，科技攻关、技术引导，摸索总结出全光育苗、"三锹半"植苗、困难立地造林等一套在高寒地区科学造林育林、改善生态环境的成功经验和先进理念，造林成活率达到 98% 以上。同时，建成了森防、监测检疫队伍体系，配备了 100 余名专、兼职监测人员，健全了预测预报网络；建立了完整的防扑火指挥体系和 300 余人的专业扑火队伍，现代化的防火车辆、扑火工具一应俱全；完善防火隔离带、防火通道建设，将万顷森林分割成网格状；不断加强防火监测系统建设，9 个望火楼全部安装林火红外视频监控系统，将林地全部纳入监控范围等。② 党的十八大以来，新一代塞罕坝人响应中央号召，在土壤贫瘠、岩石裸露的石质山坡开始二次创业，启动了攻坚造林工程。截至 2017 年，在石质山坡新造林 15.3 万亩，在基本没有补植的情况下，成活率和 3 年保存率分别高达 98.9% 和92.2%，实现了一次造林、一次成活、一次成林的目标。这 5 年来攻坚造林的科研创新，在塞罕坝不胜枚举。因此，在一定意义上说，一部塞罕坝林场发展史，就是一部中国高寒荒漠造林的科技进步史。③

三是牢记使命，发扬塞罕坝精神。"牢记使命、艰苦创业、绿色发展"的塞罕坝精神，作为中国共产党人精神谱系的组成部分，是塞罕坝荒漠变绿洲的核心密码，也是推进生态文明建设的强大精神力量。20 世纪 60 年代初，为

---

① 《贯彻落实习近平新时代中国特色社会主义思想在改革发展稳定中攻坚克难案例·生态文明建设》，党建读物出版社 2019 年版。

② 《三代塞罕坝人接力打造生态文明建设的生动实践》，生态环境部网站，2019 年 9 月 3 日。

③ 秋石：《绿色奇迹可贵范例——塞罕坝林场生态文明建设的启示》，《求是》2017 年第 1 期。

改变"风沙紧逼北京城"的严峻形势，369名林场创业者遵从"先治坡、后治窝，先生产、后生活"原则，创造了荒原变林海的人间奇迹。随后，在党的召唤下，一批又一批、一代又一代的建设者们，用实际行动诠释了绿水青山就是金山银山的理念，铸就了宝贵的塞罕坝精神。如今，塞罕坝已经从曾经"黄沙遮天日，飞鸟无栖树"的荒漠沙地变成了百万亩人工林海、守卫京津的重要生态屏障，成为中国"生态文明建设的范例"，林场建设者被联合国环境规划署授予"地球卫士奖"。

（三）塞罕坝林场践行新时代中国特色社会主义生态文明思想的经验启示

塞罕坝林场经过半个多世纪的持续奋斗，创造了高寒沙地生态建设史上的绿色奇迹，孕育并形成了感人至深的塞罕坝精神。特别是党的十八大以来，塞罕坝林场深入贯彻落实习近平总书记关于加强生态文明建设的重要战略思想，抓住历史机遇、奋力创新求进，在林场建设管理、绿色产业发展、生态资源利用等方面取得新进展，成为推进生态文明建设的一个生动范例，为全国生态文明建设探索了可推广的成功经验。

一是充分体现了"绿水青山就是金山银山"的生态文明理念。多年来，塞罕坝林场从最初植树造林、绿化祖国，发展成为现在生态效益、经济效益、社会效益有机统一的生态文明建设范例；从最初治理沙漠荒原、为京津地区拦沙蓄水，发展成为现在的山水林田湖草生命共同体，进一步深化了保护生态、治理环境方面的理念。今天的塞罕坝，自然生态系统得到修复重建，森林资源大幅增加，涵养净化水源空气的功能有效发挥，经济效益稳步提升，充分证明绿水青山就是金山银山。这启示我们，要从中国特色社会主义现代化建设全局来认识和把握生态文明建设，把生态文明建设融入经济社会发展各方面，让良好生态环境成为人民生活的增长点，成为经济社会持续健康发展的支撑点，把我们伟大的祖国建设得更加美丽。

二是充分体现了"像对待生命一样对待生态环境"的生态优先战略。多年来，林场干部职工爱林如命、护场如家，从"一棵松"开始，用生命去呵护、用心血去浇灌，建成如今的百万亩林海，实现了历史性跨越。在自然环境极其恶劣的情况下，以科学严谨的精神，独立自主解决了高寒地区育苗造林一系列技术难题，探索形成了生态脆弱地区林场建设和管理模式。可以说，塞罕坝每一点变化都体现着林场职工保护生态的执着精神和不懈追求。这启示我们，只要坚持生态优先战略，把生态环境保护放在更加突出的位置，坚定不移地抓，科学求实地抓，就一定能够实现生态环境的根本性改善，形成人与自然和谐发展新格局。

三是充分体现了"改善生态环境就是发展生产力"的绿色发展方式。多年来，塞罕坝林场坚持向绿色要发展、向绿色要效益，充分发挥生态环境在生产力中的基础作用，推动林场从单纯的造林伐木、提供原木材料，到现在的增林扩绿、提供生态产品，从单一的林业产业，逐步形成绿色苗木、林下经济、森林生态旅游、风电清洁能源、森林碳汇等多元产业，正成为转变林业发展模式的示范区、建设生态涵养功能区的排头兵。今天的塞罕坝，林业兴带动多业并进、生态好促进产业发展，生态环境优势正在转化为经济社会发展优势，步入了绿色可持续发展的良性循环。这启示我们，面对转型升级、节能减排、治理污染、修复生态的繁重任务，必须牢固树立和践行新发展理念，坚持把绿色作为发展底色，坚持把生态环境保护放在更加突出的位置，坚定不移走加快转型、绿色发展、跨越提升的新路，留住绿水青山，造就金山银山。

四是充分体现了"撸起袖子加油干，一代接着一代干"的接续奋斗精神。伟大的事业孕育伟大的精神，伟大的精神推动伟大的事业。塞罕坝林场的示范意义，不仅在于将荒山秃岭修复成"华北绿肺"，更在于缔造"绿色银行"的精神力量。多年来，几代塞罕坝人凭着"牢记使命，艰苦创业"的高尚情怀，"绿色发展，科学求实"的矢志追求，"前人栽树，后人乘凉"的奉献精神，"愚公移山，再造山河"的坚定信念和"踏石留印，抓铁有痕"的务实作风，探索出生态文明建设的道路，创造了沙漠变绿洲、荒原变林海的绿色奇迹。可以说，塞罕坝林场的建设史，就是一部艰苦的创业史、奋斗史。这启示我们，在当前建设人与自然和谐共生的现代化实践中，面对资源约束趋紧、环境污染严重、生态系统退化的严峻形势，我们必须时刻牢记习近平总书记对塞罕坝林场建设者感人事迹作出的重要指示："全党全社会要坚持绿色发展理念，弘扬塞罕坝精神，持之以恒推进生态文明建设，一代接着一代干，驰而不息，久久为功，努力形成人与自然和谐发展新格局，把我们伟大的祖国建设得更加美丽，为子孙后代留下天更蓝、山更绿、水更清的优美环境。"

三、山西右玉打造"两山"理念示范区的实践样本

（一）右玉的生态文明建设概况

山西省朔州市右玉县，全县面积 1969 平方千米，辖四镇四乡、一个风景名胜区，平均海拔 1400 米，是典型的缓坡丘陵地带，地处毛乌素沙漠的天然风口，曾是一片风沙成患、山川贫瘠的不毛之地。新中国成立后，几代右玉人坚持不懈植树造林、防沙治沙，全县林木绿化率从新中国成立之初的 0.26% 增至现在的 56%，曾经的不毛之地变成了塞上绿洲，先后荣获全国造林绿化先进县、全国绿化模范县、国土绿化突出贡献单位、首批国家生态文明建设示范县、"绿水青山就是金山银山"实践创新基地等荣誉称号，创造了令人惊叹的奇迹，铸就了以"执政为民、尊重科学、百折不挠、艰苦奋斗"为内涵的"右玉精神"。

实践证明，右玉生态环境治理的成功实践，为我们提供了生态文明建设的鲜活范例，"右玉精神"也已经成为激励全国各地践行"两山"理论、推动绿色发展的精神力量源泉。2020 年 5 月，习近平总书记在山西考察时指出，要牢固树立绿水青山就是金山银山的理念，发扬"右玉精神"，推动山西沿黄地区在保护中开发、开发中保护。

（二）右玉践行新时代中国特色社会主义生态文明思想的举措

首先，坚持用法治推动生态文明建设。右玉县积极探索生态文明建设法治化的路径和方法，进一步促进生态法治建设长效化、行政执法规范化、全

民守法常态化，让生态文明建设拥有更加健全、更加完备、更加严格的法治保障。一是先后制定出台了《右玉县"人均一棵树、一乡一条路、一村一片林"绿化实施方案》和《右玉县国家生态文明示范县建设规划（2016—2020）》《关于在实施乡村振兴战略中落实"四三四"工作机制加强乡镇、村（社区）法治建设的实施意见》等制度文件，构建起县委领导、政府负责、部门分工、社会协同、全民参与、法治保障的生态法治化工作机制和生态文明建设体系。二是建立县、乡、村三级环境保护网格化监管机制，重点探索建立绿色生产和消费的法律制度和政策导向，构建国土空间开发保护制度，逐步完善生态廊道和生物多样性保护网络。三是突出党员干部示范带动作用，加强对各级领导干部、企业法人代表进行林木草原等法律法规的宣传培训；建立科学的干部考核指标体系和绿色 GDP 指标体系，实行自然资产离任审计和生态环境损害责任追究机制，努力实现经济发展与生态保护双赢。

其次，加快生态产业发展。一是不断加快生态农业的发展。作为著名的生态大县，右玉县是山西省小杂粮生产基地，当地出产的荞麦、燕麦以及豆类等小杂粮和牛羊肉、沙棘，是无污染、无公害纯天然绿色产品，已销往全国各地，供不应求。近年来，右玉县按照生态、高效、优质、安全、节约的发展要求，大力发展生态农业，不断推进生态化种养，加快推进特色农畜产品全产业链开发，带动农业提质增效，促进农民增收致富。同时，右玉县还立足羊肉、杂粮、沙棘等农副产品资源优势，加快形成康养产业集群，着力推动本地大宗农畜产品就地加工转化、延伸产业链条、增加产品附加值，实现特色产品集群发展。二是不断完善生态文化旅游产业发展。不断改善的自然生态环境，为右玉发展生态文化旅游业提供了"美丽"的资本。结合乡村振兴战略实施，右玉县大力实施旅游兴县战略，打造了杀虎口、苍头河、南山公园等一批旅游景点景区，全面打响生态休闲度假、西口风情体验、消夏避暑养生的旅游品牌，右玉县成为全国第一个以县域为单位命名的 4A 级生态景区、国家全域旅游示范区创建单位和全省第一个以生态文化旅游为发展方向的开发区，为右玉县旅游产业发展增添了强劲动力。

最后，发扬"久久为功"的绿色政绩观。右玉县历任党政领导班子在植树造林这场"接力赛"中，以"功成不必在我"的精神境界和"功成必定有我"的历史担当，"烧旺旧任的火""接好前任的棒"，一任接着一任干、一届接着一届做，以惊人的恒心和毅力硬是把"最不适宜人类生存"的不毛之地变成"联合国最佳宜居生态县"。多年来，右玉县围绕植树造林的主题，一张蓝图绘到底，咬定青山不放松，脚踏实地、真抓实干，锐意进取、有序推进，从 20 世纪 50 年代"哪里能栽哪里栽，先让局部绿起来"到 60 年代"哪里有风哪里栽，要把风沙锁起来"，从 70 年代"哪里有空哪里栽，再把窟窿补起来"到 80 年代"适地适树合理栽，再把三松引进来"，从 90 年代"乔灌混交立体栽，绿色屏障建起来"到 21 世纪"退耕还林连片栽，山川遍地靓起来"，再到新时代"绿水青山秀塞外，金山银山富起来"。"不要人夸颜色好，只留清气满乾坤。"正是右玉县历任党政领导班子立足客观实际、着眼长远发展，团结带领人民群众以愚公移山精神改造和保护生态环境，才打造了人与自然和谐共生美丽中国的"右玉样板"。①

（三）践行新时代中国特色社会主义生态文明思想的经验启示

一是树立"绿水青山就是金山银山"的理念。"右玉精神"是在改善和保护生态环境中孕育的，深刻彰显了"绿水青山就是金山银山"的理念。受地理区位和自然环境的影响，右玉荒山遍野、干旱少雨、风沙肆虐，经济社会发展十分落后。植树造林，防风固沙，改善生存条件，既是人民群众生存发展的基本要求，也是经济社会发展的首要条件。新中国成立后，右玉县鲜明提出"向风沙宣战"的口号，把植树造林作为推动经济社会发展的切入点。经过艰苦奋斗，如今右玉县已变成生态良好的绿色沃土、满目葱茏的塞上绿洲，被列为国家生态文明建设示范县和"绿水青山就是金山银山"实践创新基地。右玉实践启示我们：绿水青山既是自然财富，蕴藏着无穷的经济价值，又是社会财富，能够源源不断创造综合效益。只要始终坚持新发展理念，久久为功，美丽中国的目标就一定能实现。

---

① 王炳林、孙存良：《发扬"右玉精神"建设美丽中国》，《光明日报》2020 年 6 月 5 日。

　　二是践行全心全意为人民服务的根本宗旨。"右玉精神"体现的是全心全意为人民服务，是迎难而上，艰苦奋斗，是久久为功，利在长远。全心全意为人民服务是我们党的根本宗旨，必须以最广大人民根本利益为我们一切工作的出发点和落脚点。由于自然环境恶劣、土地贫瘠，右玉县人民长期增收缓慢，生活在国家贫困线以下，数十年依靠国家转移支付维持社会事业的运转。改善生态环境，成为清除阻断右玉县人民过上美好生活"拦路虎"的重要途径。右玉县历任党政领导班子，始终不忘初心使命，牢记党的性质宗旨，坚持人民至上的执政理念，身先士卒、率先垂范，团结带领人民勠力同心，在改善生态环境中改善民生，不断增进人民福祉。随着生态环境的改善，右玉县人民群众生存和生产条件越来越好，逐步摆脱贫困、走向富裕。2018年，右玉县成为山西省首批脱贫摘帽的国家级贫困县之一。实践表明，生态文明建设是右玉县科学发展之路，是打赢脱贫攻坚战的关键举措。右玉县实现"生态美、百姓富"的过程，正是我们党践行根本宗旨的生动写照。

　　三是树牢"功成必定有我、功成不必在我"的政绩观。右玉历届党委、政府始终坚持党的领导，充分发挥社会主义制度优势，一张蓝图绘到底，一棒一棒接着干，以人民群众对美好生活的追求为最大政绩。多年来，率领全县干部群众全力投入植树造林的工作中，走出了一条生态建设、人居环境、经济效益三者相得益彰的绿色发展之路，从根本上改变了生态环境，用实际行动诠释了共产党人的初心和使命。当前，我国开启了中华民族伟大复兴的新征程，在生态文明建设事业中，更需要牢固树立"功成必定有我、功成不必在我"的历史担当，保持加强生态文明建设的战略定力，确保生态文明建设的稳定性和连续性，不断推进人与自然和谐共生。

四、陕西延安实行退耕还林"绿色革命"

（一）延安的生态文明建设概况

　　革命圣地延安位于陕西省北部，北接榆林市，南连咸阳市、铜川市、渭南市，东隔黄河与山西省临汾市、吕梁市相望，西依子午岭与甘肃省庆阳市为邻，被誉为"三秦锁钥，五路襟喉"。位于黄土高原的腹地，是典型的黄土高原丘陵沟壑区。这里沟道密布、植被稀疏、沙尘蔽日，独特的自然条件加上人为因素，使延安的生态遭到了严重破坏，森林覆盖率不足 10%，"种一茬庄稼、脱一层皮，下一场暴雨、刮一层泥"成了当时的真实写照。1997 年 8 月，中共中央发出"再造一个山川秀美的西北地区"的伟大号召。1999 年，国务院提出"退耕还林（草），封山绿化，个体承包，以粮代赈"16 字方针，要求延安"变兄妹开荒为兄妹造林"，为延安加快生态环境建设、实现可持续发展指明了方向。随后，延安市委、市政府积极响应国家号召，率先组织干部群众在全市范围内开展大规模退耕还林，这里也因此成为全国退耕还林的起点。

多年来，延安践行习近平总书记提出的"绿水青山就是金山银山"的发展理念，大力实施退耕还林，不仅改善了当地的生态环境，还改变了农民"面朝黄土背朝天，广种薄收难温饱"的生活状况，催生了新的"生态经济"，创造了山川大地由黄变绿的奇迹，为中国乃至世界提供了生态样本。

（二）延安践行新时代中国特色社会主义生态文明思想的举措

第一，大力发展林下经济。多年来，延安累计完成退耕还林面积 1077.5 万亩，森林覆盖率由 33.5% 增加到 53.07%，植被覆盖率由 46% 提高到 81.3%，13 个县（市、区）均被列为全国生态环境建设示范县，让陕西绿色版图向北推移 400 千米。[①] 退耕还林后，延安市各级党委、政府和有关部门牢固树立"绿水青山就是金山银山"的发展理念，依托当地森林覆盖率高、昼夜温差大的特点，因地制宜地把发展林下经济作为促进农民增收致富的有效途径，打造形成"林—菌—禽—渔"的综合性循环经济，让良好生态环境成为人民生活改善的增长点、经济社会发展的支撑点。

第二，加快推进产业结构调整。延安紧紧围绕山川秀美工程和退耕还林（草）工程，大力推进养殖业结构调整，加快转变养殖方式。1999 年 10 月，

---

① 《陕西延安：绿色发展"工笔画"越绘越美》，延安文明网，2021 年 10 月 18 日。

延安市委、市政府总结吴起县经验，作出了《关于封山绿化舍饲养畜的决定》。2001 年，设施蔬菜作为退耕还林后促进农民增收的一项基础产业，掀起了蔬菜产业发展的新高潮。2002 年，市委市政府再次作出在全市范围内全面禁止放牧的决定。2004 年，出台《封山禁牧管理暂行办法》，产业结构由退耕前的以传统放牧为主转变为规模舍饲养殖。2007 年以来，全市逐步发展形成了牛、羊、猪、鸡、驴及特色养殖的多元产业结构，进入了质量提高、结构优化、效益增加的快速转型阶段，农民群众有了稳定可靠的收入来源。2008 年至 2012 年，延安抢抓省上实施百万亩设施蔬菜工程政策机遇，建基地，扩规模，推动设施农业成为继苹果之后的又一致富产业。可以说，退耕还林工程使延安产业结构进入了质量提升、结构优化、效益增加的快速转型阶段。

第三，健全完善生态文明制度体系。党的十八大以来，延安市制定完善了一系列生态文明建设制度体系，有效推动了全市生态文明建设和生态环境保护，生态环境治理水平向现代化迈出了重要步伐。一是健全生态环境保护补偿机制，在全国率先开展涵盖所有县区的河流断面水质超标补偿工作，累计缴纳水污染补偿费 1.52 亿元。二是健全环境和监测信息公开机制，对监测数据及环境质量排名定期进行强制性披露，累计召开新闻发布会 8 次，印发《生态环境要情》67 期。三是健全生态环境保护奖补机制，市财政每年拿出 2 亿元资金用于奖补生态环境治理先进的县区和部门。四是建立生态环境损害赔偿机制，率先在全省实施生态环境损害赔偿，2019 年两家企业缴纳生态损害赔偿 715 万元。五是完善目标责任考核机制，出台《延安市生态文明建设目标评价考核办法》，对相关部门和县（区）开展考核评估，考核结果作为党政领导干部综合考核评价、干部奖惩任免的重要依据。六是建立"公检法＋生态环境"联动执法机制，开展大气、水、土壤、建设项目、自然保护区、农村面源污染及油煤气 6 个专项执法检查。其中，"5·27"全市首例生态环境损害赔偿案入选国家生态环境部"生态环境损害赔偿磋商十大典型案例"。

（三）延安践行新时代中国特色社会主义生态文明思想的经验启示

生态文明建设既是观念变革和理论创新的过程，也是从实际出发制定生态保护战略目标并采取具体措施的过程。近年来，延安市不断完善生态保护修复模式，统筹考虑山上退耕还林和山下治沟造地，整体推进生态保护修复工作。通过封山禁牧、舍饲养畜、生态移民、建设基本口粮田、发展现代农业产业等多种措施，一手抓生态保护修复成效巩固，一手抓农民群众生产生活水平提升，解决农民长远生计问题，确保"退得了"，实现了"稳得住""不反弹""能致富"，为黄土高原生态脆弱区生态保护修复提供了可学习、可借鉴的经验启示，[①] 也彰显了我国黄土高原区生态文明建设的未来发展趋势。

一是从国家战略高度推进生态文明建设。生态文明建设作为新时代中国特色社会主义发展战略的重要内容，不仅关系人民福祉、国家兴衰和民族赓续，还影响着全球生态安全。延安退耕还林 20 多年能够取得巨大成就，主要得益于国家退耕还林补贴政策的落实，得益于各级党委和政府持之以恒的监管，也得益于延安人民能够站在国家战略高度和绿色发展的视角，不断推进当地生态文明建设。这种紧迫感、危机感和民族忧患意识，推动着生态文明和美丽中国的建设进程，是解决我国水土流失和风沙危害问题的必然选择，是促进农民脱贫致富和实现美丽中国的客观要求，对全面推动绿色发展、增加我国森林资源、应对全球气候变化具有重大意义。

二是坚持以山水林田湖草生命共同体理念为指导。退耕还林 20 多年来，延安市生态保护修复经历了从单一治山治水技术到综合措施、从整治为主到预防为主兼顾整治、从单纯强调整治现状到关注长期可持续性转变的演化过程，最终将山上退耕还林和山下治沟造地结合在一起，将沟道小流域上下游整治统筹考虑，采用"山上退耕还林保生态，山下治沟造地惠民生"的生态保护系统修复模式，有力保障了生态修复成果。这些举措正是山水林田湖草生命共同体理念的深刻体现。

三是坚持以人民为中心维护群众利益。在全国生态环境保护大会上，习近平总书记强调："广大人民群众热切期盼加快提高生态环境质量。我们要积极回应人民群众所想、所盼、所急，大力推进生态文明建设，提供更多优

---

① 《陕西延安市在退耕还林和治沟造地中实现多赢》，生态环境部网站，2019 年 9 月 12 日。

质生态产品，不断满足人民群众日益增长的优美生态环境需要。"从这一层面来讲，延安市退耕还林和治沟造地不仅是一项生态保护工程，更是一项惠民工程。通过治沟造地和复垦废旧村庄宅基地，增加了耕地；通过配套农田基础设施，提高了耕地质量，建设了高标准农田。同时，通过改善农业生产条件、增加粮食产量，发展生态产业、提高经济作物产值等宏观布局，提高资源利用效率，减轻整体环境压力，从而解决黄土高原生态脆弱区恢复和可持续发展问题。

四是发扬延安精神，坚持久久为功。实践证明，退耕还林是一项常抓不懈的德政工程、民心工程，不是一年两年或一届两届可以抓好的事情，需要坚持不懈地努力。2020年习近平总书记来陕考察时就弘扬延安精神作出了重要指示，他明确指出，"延安精神培育了一代代中国共产党人，是我们党的宝贵精神财富"。这一论述为延安践行新时代中国特色社会主义生态文明思想、推进生态文明建设提供了根本遵循和前进方向。20多年来，延安市委、市政府领导班子经过多次调整，始终发扬以"正确的政治方向，解放思想、实事求是的思想路线，全心全意为人民服务的根本宗旨，自力更生、艰苦奋斗的创业精神"为核心的延安精神，牢固树立绿水青山就是金山银山的理念，牢记"人不负青山，青山定不负人"的教导，持续巩固退耕还林成果，打好碧水蓝天青山净土保卫战。① 目前，延安山川大地实现由黄到绿的历史性转变，老百姓呼吸上了新鲜空气、喝上了干净水、吃上了放心农产品，不断满足了人们日益增长的美好生活需要。

推动生态文明示范创建、"绿水青山就是金山银山"实践创新基地建设是中共中央、国务院在《关于全面加强生态环境保护　坚决打好污染防治攻坚战的意见》中提出的明确要求，也是贯彻落实新时代中国特色社会主义生态文明思想和党中央、国务院关于生态文明建设决策部署的重要举措和有力抓手。近年来，生态环境部先后命名表彰了四批国家生态文明建设示范市县和

---

① 宗边：《延安退耕还林和治沟造地实现多赢》，《中国环境报》2019年9月16日。

"两山"基地，为全国生态文明建设提供了实践样本。

本章为进一步践行新时代中国特色社会主义生态文明思想，弘扬先进典型，凝练了浙江安吉、河北塞罕坝、山西右玉、陕西延安等生态文明建设实践案例。它们在地域层面上有许多共同之处，也有自身鲜明特点，大大深化和拓展了我们对于新时代中国特色社会主义生态文明思想的整体认知与研究视域。同时应该看到，类似的例子在全国各地不胜枚举，需要我们在实践的基础上，打造适合各类情况、可以复制和推广的践行新时代中国特色社会主义生态文明思想的"中国样板"，为中国乃至世界的生态文明建设提供指导和借鉴。

第十一章　新时代中国特色社会主义生态文明思想研究的趋势展望

　　在 2018 年 5 月 18 日全国生态环境保护大会上，习近平总书记强调了"生态文明建设是关系中华民族永续发展的根本大计"的历史地位，深入阐述了建设生态文明的重大意义，明确提出了新时代推进生态文明建设必须坚持的六项原则、五大体系。至此，"新时代中国特色社会主义生态文明思想"这一重大理论成果正式确立，体现了生态文明建设前沿理论与实践探索的高度融合和辩证统一，是习近平新时代中国特色社会主义思想的重要组成部分。

　　生态文明建设既是一个平常的理论命题，也是一个新时代必须研究的重要课题，还是一个追求美好生活需要的实践问题，更是一个关乎中华民族永续发展的时代主题。引领世界转型发展的中国生态文明建设新征程，将在实现第一个百年奋斗目标的基础上，奋斗十五年基本实现社会主义现代化；到21 世纪中叶，建成富强民主文明和谐美丽的社会主义现代化强国。在这一新目标背景下，积极推进马克思生态文明思想中国化，全面、深入、准确、系统地研究新时代中国特色社会主义生态文明思想的时代背景、形成过程、体系特征、实践要求等内容，着力挖掘这一思想的深厚理论逻辑内涵，对于科学把握中国生态文明建设的基本规律和优化路径，无疑是大有裨益的。

　　基于此，笔者围绕新时代中国特色社会主义生态文明思想的理论来源、时代背景、发展历程、体系特征、实践路径以及价值意蕴等方面展开了系统的论述与研究。通过继承马克思恩格斯的生态文明观、承续中国共产党历届领导集体的生态文明观，积极汲取并发展了我国传统文化中的生态智慧，吸收借鉴了西方生态主义的合理成分，从世情趋势、国情需要、党情变化等层面系统分析了这一思想的形成依据。同时将新时代中国特色社会主义生态文明思想的发展历程划分为四个历史阶段，在此基础上，凝练出新时代中国特色社会主义生态文明思想的内涵体系，并总结出这一思想的主要理论特质。针对我国依然面临的严重环境问题，勾勒出将生态文明建设融入经济、政治、文化和社会各项建设的路径方向，为进一步加快建设生态文明提供实践遵循。最后，从理论、实践、世界层面出发概括出这一思想的价值意蕴，是马克思主义生态文明思想的原创性贡献，新时代中国生态文明建设的思想武器，全球可持续发展的中国智慧等。由此得出以下结论：

一方面，新时代中国特色社会主义生态文明思想研究势在必行。"问题是时代的格言。"[①] 党的十八大以来，以习近平同志为核心的党中央基于对当今时代本质和时代特征的正确认识，深入分析了中国特色社会主义生态文明建设面临的新情况新问题以及新时代中国共产党面临的新挑战，以高度的历史责任感和使命感，提出了一系列关于适应新时代、富有创新性的生态文明新理念新思想新战略，形成了生态文明建设的中国范式。诸如坚持尊重自然、顺应自然、保护自然的生态文明理念，坚持走低碳发展、绿色发展、循环发展的生态文明道路，坚持绿水青山就是金山银山的自然辩证观等，这些论述和观点既有目标原则、任务部署，也有思想方法、工作路径，推动了新时代中国特色社会主义生态文明思想的形成和发展。

另一方面，新时代中国特色社会主义生态文明思想的实践切实可行。目前，生态环境问题已经成为一个全球性的重大问题，如何解决生态环境恶化的问题是每一个国家经济发展过程中必须首先解决的问题，中国也不例外。新时代中国特色社会主义生态文明思想立足具体生态实践，以其指导思想的前瞻性和内容的与时俱进，为中国社会主义生态文明建设指明了实践路径：

---

① 《马克思恩格斯全集》第 1 卷，人民出版社 1995 年版，第 203 页。

把生态文明建设融入经济、政治、社会和文化诸多建设中。这里的"融入"，体现了生态文明建设与经济社会发展的同步战略，是从根本上解决中国生态压力、推行经济社会健康发展的根本举措，体现了党的发展观的重大突破和最新发展。

回顾历年来我国生态文明建设从实践到认识、从认识到实践发生的历史性、转折性、全局性变化，"全党全国贯彻绿色发展理念的自觉性和主动性显著增强，忽视生态环境保护的状况明显改变"①。2021 年 10 月 12 日举行的《生物多样性公约》第十五次缔约方大会领导人峰会上，习近平主席倡导要进一步"以生态文明建设为引领，协调人与自然关系"，开启了人类高质量发展新征程。这些重要论述为加强生态文明建设、构建人类命运共同体提供了根本遵循。目前，我国生态文明建设已进入以降碳为重点战略方向、社会发展全面绿色转型的关键时期，如何在统筹协调中推进生态文明建设，实现经济社会的高质量发展，需要我们处理好以下几对关系。

一是正确处理思想先导与行动自觉之间的关系。新时代催生新思想，新理论引领新实践。没有与时俱进的思想认识作先导，生态文明建设之路就会曲折难行；没有扎实细致的行动实践作积淀，先进的生态文明理念就很难落地生根。就此而言，在进一步推进新时代生态文明建设过程中，要始终秉持生态文明理念，并将其内化成为一种精神素质，从而外化为生态行为。

一方面，重视思想认识对于行动实践的先导作用。思想是行动的先导，不断强化思想自觉是落实生态行为的前提。面对新时代生态文明建设的新形势新要求，需要在思想观念上来一次破旧立新，树立新的价值观、生活观和消费观，通过学校教育、媒体报道、监督约束等各种方式，大力宣传"保护生态环境就是保护生产力、改善生态环境就是发展生产力"的理念。同时，更要将生态文明理念的树立与制度建设、法治保障结合起来，即将软性约束同刚性措施结合起来，变他律为自律，不断完善生态文明建设的理论指导。

---

① 张乐民：《习近平生态文明建设思想探析——正确处理生态文明建设中的"四对关系"》，《理论学刊》2016 年第 1 期。

另一方面，行动是成功的开始，不断强化行动自觉，是落实生态理念的关键。因此，要鼓励公众养成健康环保的绿色生活方式，通过倡导光盘行动、推广循环使用商品、购买生态产品等，引导公众逐步树立力戒奢侈浪费、反对过度消费和不合理消费的正确观念，真正将简约适度、绿色低碳、文明健康的绿色生活理念"内化于心，外化于行"。同时，通过政府宣传、舆论引导等形式，激发公众践行绿色生活方式的内在动力，形成人人参与、共同推进的浓厚氛围，将人民群众对美好生活的向往转化为推进生活方式绿色转型的思想自觉和行动自觉，从而实现"到本世纪中叶，绿色发展方式和生活方式全面形成"的新目标。

二是正确处理生态文明建设与社会主义现代化建设之间的关系。习近平总书记在庆祝中国共产党成立 100 周年大会上指出，我们坚持和发展中国特色社会主义，推动物质文明、政治文明、精神文明、社会文明、生态文明协调发展，创造了中国式现代化新道路。这一论述阐明，我们所追求的中国式现代化道路，反映在生态文明建设方面，就是生态环境根本好转，美丽中国目标基本实现，实现人与自然和谐共生的现代化。因此，要正确处理好生态文明建设与社会主义现代化建设之间的关系。

从历史维度来看，我国社会主义现代化建设的目标，历经了"建设四个现代化"到"建设富强民主文明和谐美丽现代化"目标的变化，这个过程是实现中华民族伟大复兴中国梦历史征程中新时代中国特色社会主义现代化事业不断延伸的主线和主轴，对我国高质量发展提出了新的要求，体现出我国社会主义现代化建设目标的不断发展和完善，表明了"美丽中国"与"现代化强国"之间的内在关联性。进一步说，在中国特色社会主义新时代，我国社会主义现代化建设目标层层递进、不断拓展，使"五位一体"总体布局与社会主义现代化建设目标的对接更加精准，人民美好生活的内容也进一步丰富，体现出人民群众对美好生态的新期待，彰显出自然的人化和人的自然化的辩证统一。基于这个意义，习近平总书记先后提出了"小康全面不全面，生态环境质量很关键""建设生态文明，关系人民福祉，关乎民族未来""建设人与自然和谐共生的现代化"等一系列科学论断，进一步凸显了生态文明建设对于全面建设社会主义现代化国家的重要意义。

三是正确处理生态文明建设与"五位一体"总体布局的关系。在当代历史条件下，我们党将生态文明建设纳入"五位一体"总体布局，既反映了我们党对社会主义规律的认识更加全面、更加深刻，也对增创社会主义制度优越性开拓了新的空间，标志着对中国特色社会主义的科学内涵和现代化建设目标的认识达到了一个新高度。随着中国特色社会主义进入新时代，经济、政治、文化和社会四个层面的生态文明建设，共同构成中国特色社会主义生态文明建设体系。

那么，"五位"如何"一体"？这是一个重大的战略课题。可以说，居于重要地位的生态文明不仅是其他"四个文明"的物质基础和前提条件，同时，生态文明作为改造客观世界和建设良好生态环境的物质、精神、制度方面的总和，又是"四个文明"的有机统一。① 具体来讲，从经济建设与生态文明建设的关系看，经济建设是着力点，我们要坚定不移贯彻新发展理念，着力转变发展方式，并大力发展循环经济，多措并举，切实将生态文明建设融入经济建设；从政治建设与生态文明建设的关系看，政治建设是根本点，要通过完善政府公共服务体系、加大政府环境管理改革力度以及构建生态环境法律法制框架等优化政治生态的路径，为扎实推进生态文明建设提供根本保证；从文化建设与生态文明建设的关系看，文化建设是聚焦点，要通过牢固树立生态理念、大力培育生态文化、切实强化生态教育等措施，切实将生态文明建设融入文化领域；从社会建设与生态文明建设的关系看，社会建设是落脚点，要通过加强和创新社会管理、维护生态环境权益、践行总体国家安全观等途径，逐步实现经济社会发展和自然生态的和谐统一，为生态文明建设提供强有力的社会支撑。总之，经济、政治、文化和社会四个层面的生态文明建设，共同构成中国特色社会主义生态文明建设的具体实践，它们之间互为条件、相互依存、不可分割。

四是正确处理生态文明建设与人类文明新形态之间的关系。习近平主席

---

① 吕博文：《人类文明新形态视野下的生态文明》，《中国环境报》2021 年 9 月 13 日。

在《生物多样性公约》第十五次缔约方大会领导人峰会上强调，生态文明是人类文明发展的历史趋势。纵观国家兴衰与文明转换的历史可以发现，国家发展与文明发展趋势的契合程度决定国家兴衰的程度与持久性。而文明的存在和发展依赖于生态，只有全面推进生态文明建设，才能夯实人类文明新形态的生态基石。

一方面，生态文明既是人类文明新形态的组成部分，又是人类文明新形态的必要条件。习近平总书记指出，"生态文明是人类社会进步的重大成果。人类经历了原始文明、农业文明、工业文明，生态文明是工业文明发展到一定阶段的产物，是实现人与自然和谐发展的新要求"。换句话说，生态文明建设的本质内涵既不是简单地对工业文明的颠覆，也不是对原始文明和农业文明的回归，而是能够正确认识和运用自然规律，在哲学观念、发展模式和制度文化上体现出人与自然、人与人和谐共生的基本宗旨和价值取向。可以说，生态文明建设为创造人类文明新形态和中国式现代化新道路作出了历史性贡献，是人类文明新形态的重要组成和必要条件。

另一方面，人类文明新形态是引领生态文明建设的文明载体。我们所创造的人类文明新形态，作为中国特色社会主义的重大成果，是集物质文明、政治文明、精神文明、社会文明、生态文明为一体的全面发展的文明形态。其中，生态文明建设是人类文明新形态中的其中之一。这一表述，不仅表明我们党对中国特色社会主义建设规律从认识到实践都上升到新的水平，有利于推动全社会形成尊重自然、顺应自然、保护自然的良好风尚，而且反映出中国共产党在一以贯之的发展接力过程中，对中国特色社会主义事业总体布局的深刻认识和总体把握，极大拓展了人类文明新形态的理论内涵，顺应了人民群众对美好生活的新期待，成为引领生态文明建设的文明载体。

实践没有止境，理论创新也没有止境。新时代中国特色社会主义生态文明思想作为党领导人民推进生态文明建设取得的标志性、创新性、战略性理论成果，是习近平新时代中国特色社会主义思想的重要组成部分。随着生态文明建设实践的不断丰富、理论研究的不断深入、制度创新的不断拓展，新时代中国特色社会主义生态文明思想也会不断丰富、不断深化、不断创新。我们必须紧密联系新时代新任务新实践，切实解决和处理好生态文明建设过程中的突出矛盾和现实问题，增强在实践中运用并丰富党的创新理论的自觉性、主动性。

参考文献

一、著作

1. 陈金清：《生态文明理论与实践研究》，人民出版社 2016 年版。

2. 陈先达、杨耕：《马克思主义哲学原理》，中国人民大学出版社 2010 年版。

3. 陈学明：《生态文明论》，重庆出版社 2008 年版。

4.《邓小平年谱》，中央文献出版社 2004 年版。

5.《邓小平文选》第一卷，人民出版社 1994 年版。

6.《邓小平文选》第二卷，人民出版社 1994 年版。

7.《邓小平文选》第三卷，人民出版社 1993 年版。

8. 董强：《马克思主义生态观研究》，人民出版社 2015 年版。

9. 冯沪祥：《人、自然与文化》，人民文学出版社 1996 年版。

10. 官长瑞：《新时代生态文明建设理论与实践研究》，人民出版社 2021 年版。

11. 顾钰民：《新时代中国特色社会主义生态文明体系研究》，上海人民出版社 2019 年版。

12. 胡建：《马克思生态文明思想以及当代影响》，人民出版社 2016 年版。

13. 胡锦涛：《高举中国特色社会主义伟大旗帜　为夺取全面建设小康社会新胜利而奋斗——在中国共产党第十七次全国代表大会上的报告》，人民出版社 2007 年版。

14. 胡锦涛：《坚定不移沿着中国特色社会主义道路前进　为全面建成小康社会而奋斗——在中国共产党第十八次全国代表大会上的报告》，人民出版社 2012 年版。

15. 黄硕风：《大国较量——世界主要国家综合国力国际比较》，世界知识出版社 2006 年版。

16.《江泽民文选》第一卷，人民出版社 2006 年版。

17.《江泽民文选》第二卷，人民出版社 2006 年版。

18.《江泽民文选》第三卷，人民出版社 2006 年版。

19. 李德顺：《价值论》，中国人民大学出版社 2013 年版。

20. 李红梅主编：《中国特色社会主义生态文明建设理论与实践研究》，人民出版社 2017 年版。

21. 李娟：《中国特色社会主义生态文明建设研究》，经济科学出版社 2013 年版。

22. 李军等：《走向生态文明新时代的科学指南：学习习近平同志生态文明建设重要论述》，中国人民大学出版社 2015 年版。

23. 李强：《生态文明建设的理论与实践创新研究》，中国社会科学出版社 2015 年版。

24.《梁家河》编写组编：《梁家河》，陕西人民出版社 2018 年版。

25. 刘海霞：《马克思主义生态文明思想及中国实践研究》，中国社会科学出版社 2020 年版。

26. 刘书越等：《环境友好：人与自然关系的马克思主义解读》，河北人民出版社 2009 年版。

27. 刘希刚、徐民华：《马克思主义生态文明思想以及历史发展研究》，人民出版社 2017 年版。

28. 刘希刚：《从生态批判到生态文明：马克思主义生态理论的价值逻辑研究》，人民出版社 2021 年版。

29. 龙睿赟：《中国特色社会主义生态文明思想研究》，中国社会科学出版社 2017 年版。

30.《马克思恩格斯全集》第 20 卷，人民出版社 1971 年版。

31.《马克思恩格斯全集》第 42 卷，人民出版社 1979 年版。

32.《马克思恩格斯文集》第 1 卷，人民出版社 2009 年版。

33.《马克思恩格斯文集》第 3 卷，人民出版社 1995 年版。

34.《马克思恩格斯文集》第 9 卷，人民出版社 2009 年版。

35.《马克思恩格斯选集》第 4 卷，人民出版社 1995 年版。

36.《马克思主义基本原理概论》，高等教育出版社 2015 年版。

37.《毛泽东文集》第七卷，人民出版社 1999 年版。

38.《毛泽东选集》第一卷，人民出版社 1991 年版。

39.《毛泽东选集》第二卷，人民出版社 1991 年版。

40.［美］蕾切尔·卡逊：《寂静的春天》，吕瑞兰、李长生、鲍冷艳译，上海译文出版社 2015 年版。

41.［美］梅多斯等：《增长的极限》，李涛、王智勇译，机械工业出版社 2006 年版。

42.［美］沃德·杜博斯：《只有一个地球》，曲格平译，石油工业出版社 1976 年版。

43. 苗启明、谢青松、林安云等：《马克思生态哲学思想与社会主义生态文明建设》，中国社会科学出版社 2016 年版。

44. 潘家华等：《生态文明建设的理论构建与实践探索》，中国社会科学出版社 2019 年版。

45. 邱高会：《中国特色社会主义生态文明建设道路研究》，中国社会科学出版社 2021 年版。

46. 任铃、张云飞：《改革开放 40 年的中国生态文明建设》，中共党史出版社 2018 年版。

47. 慎海雄主编：《习近平改革开放思想研究》，人民出版社 2018 年版。

48. 宋宗水：《生态文明与循环经济》，中国水利水电出版社 2009 年版。

49. 田克勤、李婧、张泽强：《马克思主义中国化研究学科基本理论与方法》，中国人民大学出版社 2017 年版。

50. 王学俭、宫长瑞：《生态文明与公民意识》，人民出版社 2011 年版。

51. 王雨辰：《生态文明与绿色发展研究报告（2020）》，中国社会科学出版社 2020 年版。

52. 王泽应：《自然与道德：道家伦理道德精粹》，湖南大学出版社 1999 年版。

53. 习近平：《摆脱贫困》，福建人民出版社 2014 年版。

54. 习近平：《干在实处　走在前列——推进浙江新发展的思考与实践》，中共中央党校出版社 2006 年版。

55. 习近平：《习近平主席新年贺词（2014—2018）》，人民出版社 2018 年版。

56. 习近平：《之江新语》，浙江人民出版社 2013 年版。

57.《习近平谈治国理政》第一卷，外文出版社 2018 年版。

58.《习近平谈治国理政》第二卷，外文出版社 2017 年版。

59. 严耕、杨志华：《生态文明的理论与系统建构》，中央编译出版社 2009 年版。

60. 杨志、王岩、刘铮：《中国特色社会主义生态文明制度研究》，经济科学出版社 2014 年版。

61. 余谋昌：《环境哲学：生态文明的理论基础》，中国环境科学出版社 2010 年版。

62. 俞可平：《论国家治理现代化》，社会科学文献出版社 2014 年版。

63. 俞可平：《全球化时代的"社会主义"》，中央编译出版社 1998 年版。

64. 中共中央文献研究室：《十三大以来重要文献选编》上，人民出版社 1991 年版。

65. 中共中央文献研究室：《新时期环境保护重要文献选编》，中央文献出版社、中国环境科学出版社 2001 年版。

66. 中共中央文献研究室编：《十七大以来重要文献选编》上，中央文献出版社 2009 年版。

67. 中共中央文献研究室编：《十四大以来重要文献选编》中，人民出版社 1997 年版。

68. 中共中央文献研究室编：《习近平关于全面建成小康社会论述摘编》，中央文献出版社 2016 年版。

69. 中共中央文献研究室编：《习近平关于全面深化改革论述摘编》，中央文献出版社 2014 年版。

70. 中共中央文献研究室编：《习近平关于社会主义生态文明建设论述摘编》，中央文献出版社 2017 年版。

71. 中共中央宣传部：《习近平总书记系列重要讲话读本》，学习出版社、人民出版社 2014 年版。

72. 中共中央宣传部：《习近平总书记系列重要讲话读本》，学习出版社、人民出版社 2016 年版。

73.《中国共产党第十八届中央委员会第三次全体会议文件汇编》，人民出版社 2013 年版。

74. 中央党校采访实录编辑室：《习近平的七年知青岁月》，中共中央党校出版社 2017 年版。

二、文章

1. 常纪文：《习近平生态文明思想的科学内涵与时代贡献》，《中国党政干部论坛》

2018 年第 11 期。

2. 陈俊：《习近平新时代生态文明思想的内在逻辑、现实意义与践行路径》，《青海社会科学》2018 年第 3 期。

3. 陈延斌、周斌：《新中国成立以来中国共产党对生态文明建设的探索》，《中州学刊》2015 年第 3 期。

4. 邓丽君：《新时代生态文明建设的成就与启示》，《人民论坛》2020 年第 29 期。

5. 段蕾、康沛竹：《走向社会主义生态文明新时代——论习近平生态文明思想的背景、内涵与意义》，《科学社会主义》2016 年第 2 期。

6. 方世南、储萃：《习近平生态文明思想的整体性逻辑》，《学习论坛》2019 年第 3 期。

7. 方世南：《习近平生态文明思想中的生态扶贫观研究》，《学习论坛》2019 年第 10 期。

8. 郝栋：《习近平生态文明建设思想的理论解读与时代发展》，《科学社会主义》2019 年第 1 期。

9. 胡鞍钢、郎晓娟：《中国共产党的生态文明宣言》，《行政管理改革》2012 年第 12 期。

10. 胡鞍钢：《生态文明建设与绿色发展》，《林业经济》2013 年第 1 期。

11. 华启和：《习近平新时代中国特色社会主义生态文明建设话语体系图景》，《湖南社会科学》2018 年第 6 期。

12. 黄承梁：《认真学习总书记在内蒙古代表团重要讲话精神》，《中国环境报》2019 年 3 月 9 日。

13. 黄承梁：《习近平新时代生态文明建设思想的核心价值》，《行政管理改革》2018 年第 2 期。

14. 黄承梁：《以"四个全面"为指引走向生态文明新时代：深入学习贯彻习近平总书记关于生态文明建设的重要论述》，《求是》2015 年第 16 期。

15. 黄承梁：《以人类纪元史观范畴拓展生态文明认识新视野——深入学习习近平总书记"金山银山"与"绿水青山"论》，《自然辩证法研究》2015 年第 2 期。

16. 黄力之：《习近平生态文明思想对马克思主义人与自然关系理论的推进》，《毛泽东邓小平理论研究》2021 年第 10 期。

17. 黄晓翔、曹幸穗：《习近平生态文明思想的传承超越与实践路径》，《山东社会科学》2021 年第 5 期。

18. 季羡林：《"天人合一"新解》，《传统文化与现代化》1993 年第 1 期。

19. 李宏：《新时代生态文明建设的制度优势与治理效能》，《广西社会科学》2021 年第 3 期。

20. 李宏伟：《习近平生态文明思想研究》，《城市与环境研究》2018 年第 7 期。

21. 李龙鑫：《新时代中国特色社会主义生态文明思想的历史溯源与理论创新》，《改革与开放》2019 年第 17 期。

22. 李全喜：《习近平生态文明建设思想的内容体系、理论创新与现实践履》，《河海大学学报》（哲学社会科学版）2015 年第 3 期。

23. 李世峰：《新时代生态文明建设的思想基础与实践路径》，《行政管理改革》2021 年第 3 期。

24. 李雪松、孙博文、吴萍：《习近平生态文明建设思想研究》，《湖南社会科学》2016 年第 3 期。

25. 李佐军：《生态文明在十九大报告中被提升为千年大计》，《经济参考报》2017 年 10 月 23 日。

26. 林世昌：《马克思的时代观：研究时代发展变革规律性的科学方法——兼论时代构成基础、时代中心问题、时代发展道路》，《上海行政学院学报》2011 年第 1 期。

27. 刘海霞、王宗礼：《习近平生态思想探析》，《贵州社会科学》2015 年第 3 期。

28. 刘吉发、何梦焕：《习近平生态政治观的多维透视》，《广西师范大学学报》（哲学社会科学版）2018 年第 1 期。

29. 刘经纬、吕莉媛：《习近平生态文明思想演进及其规律探析》，《行政论坛》2018 年第 2 期。

30. 刘磊：《习近平新时代生态文明建设思想研究》，《上海经济研究》2018 年第 3 期。

31. 刘鹏：《习近平生态文明思想研究》，《南京工业大学学报》（社会科学版）2015 年第 3 期。

32. 刘希刚、孙芬：《论习近平生态文明思想创新》，《江苏社会科学》2019 年第 3 期。

33. 刘希刚、王永贵：《习近平生态文明建设思想初探》，《河海大学学报》（哲学社会科学版）2014 年第 4 期。

34. 刘希刚：《习近平生态文明思想整体性探析》，《学术论坛》2018 年第 4 期。

35. 刘晓云：《国外高度评价新时代中国生态文明建设成就》，《红旗文稿》2020 年第

24 期。

36. 刘雅兰、卜祥记：《只有在社会主义制度中才能真正实践生态文明思想》，《毛泽东邓小平理论研究》2020 年第 9 期。

37. 刘於清：《习近平新时代中国特色社会主义生态思想的渊源、特征与贡献》，《昆明理工大学学报》(社会科学版) 2018 年第 3 期。

38. 刘越、吴舜泽、俞海等：《深入理解习近平生态文明思想的渊源与突破》，《中国环境报》2018 年 6 月 18 日。

39. 陆卫明、冯晔：《论新发展阶段生态文明建设的中国优势》，《西安交通大学学报》(社会科学版) 2021 年第 5 期。

40. 罗红杰：《习近平"生命共同体"理念的生成机理、精神实质及价值意蕴》，《中州学刊》2019 年第 11 期。

41. 罗会钧、许名健：《习近平生态观的四个基本维度及当代意蕴》，《中南林业科技大学学报》2018 年第 2 期。

42. 吕忠梅：《习近平新时代中国特色社会主义生态法治思想研究》，《江汉论坛》2018 年第 1 期。

43. 孟娜、周立：《新时代推进生态文明建设的实践与探索——以河南省为例》，《中州学刊》2021 年第 1 期。

44. 潘家华、庄贵阳、黄承梁：《开辟生态文明建设新境界》，《人民日报》2018 年 8 月 22 日。

45. 钱春萍、代山庆：《论习近平生态文明建设思想》，《学术探索》2017 年第 4 期。

46. 秦蕾：《中国特色生态文明与马克思主义生态理论》，《中学政治教学参考》2020 年第 41 期。

47. 秦书生、吕锦芳：《习近平新时代中国特色社会主义生态文明思想的逻辑阐释》，《理论学刊》2018 年第 3 期。

48. 秦书生：《改革开放以来中国共产党生态文明建设思想的形成过程》，《中共中央党校学报》2018 年第 2 期。

49. 任天佑：《为解决人类问题贡献中国智慧中国方案》，《解放军报》2017 年 11 月 15 日。

50. 荣开明：《努力走向社会主义生态文明新时代——略论习近平推进生态文明建设的

新论述》,《学习论坛》2017 年第 1 期。

51. 沈满洪:《习近平生态文明思想研究:从"两山"重要思想到生态文明思想体系》,《治理研究》2018 年第 2 期。

52. 宋献中、胡珺:《理论创新与实践引领:习近平生态文明思想研究》,《暨南学报》(哲学社会科学版)2018 年第 1 期。

53. 孙宝华:《推进生态文明建设时代贡献和实践路径思考》,《学习月刊》2017 年第 9 期。

54. 谭文华:《论习近平生态文明思想的基本内涵及时代价值》,《社会主义研究》2019 年第 5 期。

55. 田鹤、郭巍:《中国共产党生态文明思想与实践百年历程研究》,《思想教育研究》2021 年第 12 期。

56. 田学斌:《实现人与自然和谐发展新境界——认真学习领会习近平总书记生态文明建设理念》,《社会科学战线》2016 年第 8 期。

57. 王金磊、吕瑶:《习近平新时代生态文明思想的逻辑理路》,《湖南社会科学》2018 年第 4 期。

58. 王磊、肖安宝:《习近平生态文明建设思想探论》,《理论导刊》2015 年第 12 期。

59. 王青:《新时代人与自然和谐共生观的哲学意蕴》,《山东社会科学》2021 年第 1 期。

60. 王永斌:《习近平生态文明思想的生成逻辑与时代价值》,《西北师大学报》(社会科学版)2018 年第 5 期。

61. 王雨辰:《西方生态思潮对我国生态文明理论研究和建设实践的影响》,《福建师范大学学报》(哲学社会科学版)2021 年第 2 期。

62. 魏华、卢黎歌:《习近平生态文明思想的内涵、特征与时代价值》,《西安交通大学学报》(社会科学版)2019 年第 3 期。

63. 武晓立:《我国传统文化中的生态智慧》,《人民论坛》2018 年第 25 期。

64. 习近平:《坚持节约资源和保护环境基本国策　努力走向社会主义生态文明新时代》,《人民日报》2013 年 5 月 25 日。

65. 习近平:《决胜全面建成小康社会　夺取新时代中国特色社会主义伟大胜利——在中国共产党第十九次全国代表大会上的报告》,《人民日报》2017 年 10 月 28 日。

66. 习近平：《切实把思想统一到党的十八届三中全会精神上来》，《人民日报》2014 年 1 月 1 日。

67.《习近平在全国生态环境保护大会上强调　坚决打好污染防治攻坚战　推动生态文明建设迈上新台阶》，《人民日报》2018 年 5 月 20 日。

68. 肖先彬：《习近平生态文明思想的五重维度》，《中学政治教学参考》2019 年第 21 期。

69. 徐春：《生态文明是科学自觉的文明形态》，《中国环境报》2011 年 1 月 24 日。

70. 徐水华、陈磊：《论习近平对马克思主义生态文明思想中国化的理论贡献》，《黑龙江社会科学》2019 年第 2 期。

71. 郇庆治：《习近平生态文明思想研究（2012 ～ 2018）述评》，《宁夏党校学报》2019 年第 2 期。

72. 郇庆治：《习近平生态文明思想中的传统文化元素》，《福建师范大学学报》（哲学社会科学版）2019 年第 6 期。

73. 闫伟奇、李世坤：《新时代生态文明思想的四重价值意蕴》，《哈尔滨学院学报》2021 年第 1 期。

74. 俞海、刘越、王勇等：《习近平生态文明思想：发展历程、内涵实质与重大意义》，《环境与可持续发展》2018 年第 4 期。

75. 张寒、丁大尉：《习近平生态文明建设思想体系与实践路径研究》，《理论月刊》2017 年第 10 期。

76. 张金俊：《十八大以来习近平对生态文明思想的发展》，《科学社会主义》2017 年第 3 期。

77. 张森年：《习近平生态文明思想的哲学基础与逻辑体系》，《南京大学学报》（哲学·人文科学·社会科学）2018 年第 6 期。

78. 张云飞：《坚持用最严格制度最严密法治保护生态环境》，《先锋》2018 年第 9 期。

79. 张云飞：《社会主义生态文明内在规定的科学自觉》，《环境与可持续发展》2020 年第 6 期。

80. 张云飞：《始终坚持将生态文明建设作为"国之大者"——论党的十八大以来我国生态文明建设的重要成就与宝贵经验》，《国家治理》2021 年第 46 期。

81. 张占斌、戚克维：《论习近平新时代中国特色社会主义思想中的生态文明观》，

《环境保护》2017 年第 12 期。

82. 章少民：《大力推进生态文化建设》,《中国环境报》2018 年 4 月 12 日。

83. 赵曼：《中国共产党生态文明建设思想的历史逻辑》,《人民论坛》2016 年第 12 期。

84. 赵巍、崔赞梅：《习近平新时代中国特色社会主义生态思想的丰富内涵与逻辑理路》,《河北学刊》2018 年第 4 期。

85. 赵志强：《习近平生态文明建设重要论述的形成逻辑及时代价值》,《石河子大学学报》(哲学社会科学版) 2018 年第 6 期。

86. 周道玮、盛连喜、孙刚等：《生态学的几个基本问题》,《东北师大学报》(自然科学版) 1999 年第 2 期。

87. 周光迅、李家祥：《习近平生态文明思想的价值引领与当代意义》,《自然辩证法研究》2018 年第 9 期。

88. 周光迅、郑玥：《从建设生态浙江到建设美丽中国——习近平生态文明思想的发展历程及启示》,《自然辩证法研究》2017 年第 7 期。

89. 周宏春、管永林：《生态经济：新时代生态文明建设的基础与支撑》,《生态经济》2020 年第 9 期。

90. 周小平：《生态是什么——对生态的实质及其表现形式的初步思索》,《生态学杂志》1991 年第 5 期。

三、学位论文

91. 马德帅：《习近平新时代生态文明建设思想研究》,吉林大学博士学位论文,2019 年。

92. 索世帅：《习近平生态文明建设思想探析》,南京师范大学硕士学位论文,2017 年。

93. 张成利：《中国特色社会主义生态文明观研究》,中共中央党校博士学位论文,2019 年。

94. 张建光：《现代化进程中的中国特色社会主义生态文明建设研究》,吉林大学博士学位论文,2018 年。